新インターユニ　　　　　　　　　らい

　　　　　　　　　　　　　　　　　　　　康善

　各大　　　　　　　　　　　　　　　即
した教　　　　　　　　　　　　　　インタ
ーユニ　　　ティンリーズ*は，多くの大学
で採用の実績を積み重ねてきました．

　ここにお届けする新インターユニバーシ
ティシリーズは，その実績の上に深い考察と討
論を加え，新進気鋭の教育・研究者を執筆陣
に配して，多様化したカリキュラムに対応し
た巻構成，新しい教育プログラムに適し学生
が学びやすい内容構成の，新たな教科書シリ
ーズとして企画したものです．

*インターユニバーシティシリーズは家田正之先生を編集委
　員長として，稲垣康善，臼井支朗，梅野正義，大熊繁，縄
　田正人各先生による編集幹事会で，企画・編集され，関係
　する多くの先生方に支えられて今日まで刊行し続けてきた
　ものです．ここに謝意を表します．

「新インターユニバーシティ　電気電子材料(改訂2版)」
執筆者一覧

編著者	鈴置　保雄	（名古屋大学）	［序章，6章］
執筆者 （執筆順）	神保　孝志	（名古屋工業大学）	［序章，1章，2章］
	後藤　英雄	（中部大学）	［3章，4章］
	高井　吉明	（名古屋大学）	［5章］
	長尾　雅行	（豊橋技術科学大学）	［7章］
	岩田　　聡	（名古屋大学）	［8章，9章］
	竹尾　　隆	（三重大学）	［10章］
	森　　竜雄	（愛知工業大学）	［11章］
	大野　雄高	（名古屋大学）	［12章］

改訂2版にあたって

　本書が出版されてから13年が経過し，電気電子材料の分野の基礎的な内容に関しては大きな変化はないものの，材料開発や応用については，多くの進展が見られている．そこで，教科書としてこれらの進展に対応できるよう，記述を見直すこととした．改訂にあたっては，教科書としての性格を考え，基礎的な説明は変更せず，主として新材料や応用に関しての追加を行った．具体的な変更点は以下のとおりである．

- 序章～7章：本文の変更はないが，序章には青色発光ダイオードに関する脚注を，5章の表5.2，7章の表7.1，表7.2には新たな材料と応用を追加した．
- 8章「磁性材料の基礎」：2節「磁性の起源を考えよう」を増補し説明が丁寧になるようにした．また，コラム「単位系によって異なる磁束密度Bの定義」を章末に追加した．その他，章全体にわたり部分的な表現の見直し・追加を行うとともに，演習問題の問3の記述を訂正した．
- 9章「さまざまな磁性材料とその応用」：スピンエレクトロニクスの具体例として8節「磁気抵抗メモリMRAMの動作を学ぼう」を追加するとともに，章全体にわたり部分的な表現の見直しと追加を行った．
- 10章「新しい機能材料(1)光応用素子材料」：3〔1〕項の表題を「光導波路の構造と原理」と変更し，旧3〔2〕項の前半を3〔1〕項に，旧3〔2〕項の後半を旧3〔3〕項（新3〔2〕項）の前半に振り分けた．また，3〔1〕項の最後にはステップインデックス型とグレーデッドインデックス型の説明を追加し，新3〔2〕項には純石英コアファイバ，分散マネジメントファイバ，マルチコアファイバ，フューモードファイバの説明を追加した．
- 11章「新しい機能材料(2)有機・バイオエレクトロニクス」：図11.2，図11.3の例を追加し，3節の最後に液晶ディスプレイの現状について追加した．4節の半ばに薄膜トランジスタの現状について，5節の後半に燐光を利用した素子と蛍光を利用した素子について追加するとともに，無機EL材料の動向，LEDのディスプレイへの応用についてのコラム「無機ELとLED」を追加した．太陽電池に関する6節では，半ばに非フラーレン系材料を用いた太陽電池の現状を，後半には2010年以降に注目を集めているペロブスカイト材料を用いた太陽電池開発の現状を追加した．
- 12章「新しい機能材料(3)ナノ材料：極微細構造で発現する機能と魅力」：まず全体構成として，旧2節「ナノカーボン材料について知ろう」と3節「量子ドットにについて知ろう」の順序を入れ替え，最後に4節にグラフェン等に関する記述を追加した．

その上で，1〔3〕項の最後にトンネルダイオードのテラヘルツ波への応用を追記した．2〔3〕項「量子ドットの応用」では単電子トランジスタに触れてから光デバイスの説明をすることにし，最後に最近のディスプレイへの応用について追加した．ナノカーボン材料に関する3節ではグラフェンについての説明を追加するとともに，4節に二次元材料に関する説明を追加した．

これらの変更により，教科書として本書が引き続き活用されることを期待する．

2023 年 9 月

鈴 置 保 雄

目　　次

12章　新しい機能材料(3)ナノ材料：極微細構造で発現する機能と魅力　■ ■ ■

── ■⌐ コラム一覧 ⌐■ ──

序 章
電気・電子材料の学び方

○1○ 電気・電子工学の発展と材料技術

　20世紀には電気・電子工学がめざましく発展し，人類の生活を大きく変えてきた．21世紀に入り，電気・電子工学はさらに発展することが期待されている．電気・電子工学の進歩に支えられ社会のイノベーションやシステムの進歩は，新しい機能や高い性能を持った機器やデバイスの実現に裏付けられている．このような機器・デバイスの実現は，それらを構成する材料や材料技術の進歩によりはじめて可能となることが多い．

　例えば，20世紀の技術進歩を象徴するものに**半導体**を用いたエレクトロニクスの発展がある．ごく初期の19世紀末から20世紀初頭には，半導体を用いた鉱石検波器が用いられたが，性能は良くなく，その後の**真空管**の技術の発展により，第二次大戦後まで，通信機器等の実用的なエレクトロニクスは真空管を用いて実現されることになった．その間も，半導体材料に関する研究は続けられ，通信容量の増大に伴う高周波数化や戦時中のレーダ応用のためのマイクロ波技術の発展に伴い，高周波特性に優れる半導体素子が再び脚光を浴びるようになった．そのような状況下で，1948年のトランジスタ作用の発見をはじめとする多くの研究・開発が行われ，現在の半導体を用いたエレクトロニクスが花開いた．材料面では，半導体材料としては，**Si（シリコン）**やGe（ゲルマニウム）が注目されたが，SiはGeに比べ融点が高く，溶融状態で化学的に極めて活性であるため，精製が難しく，このため，初期の半導体素子には，高純度の結晶が得られやすいGeが用いられた．その後，Siの精製技術，接合トランジスタ作製技術，不純物拡散技術，リソグラフィ技術，プレーナ技術など，多くの材料技術開発に支えられ，主としてSiを中心とした現在のエレクトロニクスの隆盛がもたらされている．

　また，**青色発光ダイオード**の実用化により，現在，ディスプレイや省エネルギー照明など多様な応用が可能となっているが，この青色発光ダイオードの実現も材料技術の重要性を示す例の一つである．赤から黄緑色までの発光ダイオードは早くから実用化されていたが，光の三原色の一つである青色については，GaN（窒

化ガリウム）などの材料を使って実現できることは予想されていたが，良質の結晶が成長できないことから，その実現は困難視されていた．これに対し，地道な努力が重ねられた結果，単結晶 GaN の作製や p 形結晶，n 形結晶の作製技術などが実現し，その結果，高輝度の青色発光ダイオードの実用化に至ったことは記憶に新しい*．

このように，電気・電子工学の発展にとって材料技術の発展は不可欠で，電気・電子材料に関する研究や技術開発を進める必要がある．また，直接材料技術にたずさわらない技術者・研究者も電気・電子材料に関する基礎的な知識を持つとともに，技術の現状や開発動向を的確に理解している必要がある．

●2● 電気・電子材料で何を学ぶか

電気・電子工学では，**金属**，**半導体**，**絶縁体**，**磁性体**，**光応用材料**など，大変多様な材料が多岐にわたる応用分野で用いられている．これらすべてを限られた紙幅で詳述することは到底不可能である．本書では，電気・電子材料の性質を理解するために必要な基礎的な原理や性質を理解し，そのうえで，導電体，半導体，絶縁体，磁性体や新規材料の基本的性質や基本的な応用を理解することを目的としている．また，これらの材料について網羅的に述べることにより，個々の材料に対する理解だけでなく，材料全体について包括的な理解を得ることも期待している．

なお，対象が多岐にわたるため，関連する分野でありながら，紙幅の都合上，本書で記述できない部分も多い．これらについては，関連する個別のテキストにより補っていただきたい．

本書の構成は以下のようになっている．まず，序章では，電気・電子材料を学ぶ意義や学ぶために必要な基礎知識について学ぶ．ついで，1，2章では，電気・電子材料の基礎として，固体の構造，固体内の電子のエネルギー状態と電気的性質の関係について学ぶ．3章では，多くの電子デバイスの機能発現のために中心的な役割を果たす半導体の種類とその性質について学ぶ．4章では，半導体を用いた電子デバイスの原理，構造，特性について学ぶ．5章では，金属や超伝導体などのように電気を通しやすい性質を持つ材料の特性とその応用について学ぶ．6，

---

*　高効率青色発光ダイオードの発明により，2014 年に赤﨑勇，天野浩，中村修二の 3 氏がノーベル物理学賞を受賞した．

7章では，電気を通さない材料について，**誘電特性**，**電気絶縁特性**とその応用について学ぶ．**8，9章**では，磁性材料について，その基本的な性質とデバイス応用について学ぶ．**10〜12章**では，それまでの章では取り上げられていないが，新しい材料として期待されているオプトエレクトロニクス，フォトニクス用材料，**有機エレクトロニクス**，バイオエレクトロニクス用材料，**量子ナノデバイス**用材料について学ぶ．

◦**3**◦ 電気・電子材料を学ぶのに必要な基礎知識

電気・電子材料をはじめ，あらゆる物質は原子で構成されている．原子が複数結合して**分子**になっている場合もある．この原子あるいは分子が自由に運動でき，相互の間の距離が不定の場合は，この分子(原子)集団は特定の形状を持たず，密閉容器に入れると容器全体に広がる．この状態が**気体**である．気体の場合でも，分子間の衝突は生じ，衝突があるため気体は熱平衡状態になっている．

分子(原子)間の相互作用が強い場合には相互の安定な距離が決まっており，この分子(原子)集団は分子(原子)間距離と数で決まるほぼ一定の体積を持つ．分子(原子)間の位置関係が決まっていれば一定の形状を持つ**固体**であり，分子(原子)間の距離のみが決まっていて相対位置が決まっていなければこれは容器によって形状が変わる**液体**である．電気・電子材料の大部分は使用時には固体であるが，製造用の原料や電気絶縁材料としては気体・液体もよく使われる．

電気・電子材料の特性は，構成する原子や分子内の電子のエネルギー状態やそれらの結合の仕方で決まる．以下に，原子，分子内の電子エネルギー状態や結合の種類などについて解説する．

〔1〕 原子内電子のエネルギーについて学ぼう ■■■

① 原子

物質は元素の組合せ(分子)でできている．元素の特徴を持つ最小粒子が原子である．原子は**原子核**と**電子**で構成されており，電子1個は $-e = -1.602 \times 10^{-19}$〔C〕の電荷と $m_0 = 9.1095 \times 10^{-31}$〔kg〕の質量を持っている．原子核は電荷 e の**陽子**と電荷0の**中性子**で構成され，その大きさは 10^{-14}〔m〕程度である．陽子と中性子の質量はほぼ等しく，電子の約1840倍である．原子内の陽子数と電子数は等しく，原子の電荷は0である．

原子内の陽子数を**原子番号**と呼ぶ．また，原子の質量は陽子と中性子の数でほ

ぼ決まるので，陽子数＋中性子数を質量数という．
原子番号Zの原子は，中心にZqという電荷（原子核）
があり，これに電荷−eの電子がZ個クーロン力
で捕まっているものと見なすことができる．これは，
太陽の回りに惑星が万有引力で捕まっている状態
と似ており，原子番号1のH（水素）の場合，図1

正電荷を持つ陽子の回りを負電荷
を持つ電子が周回する

●**図1**●水素原子のモデル

のように電子は原子核の回りを周回し，遠心力とクーロン力がつりあっていると
するモデルである．原子番号Zの原子なら太陽に複数の惑星があるように，原子
核の周囲をZ個の電子が周回していることになる．

②　原子内電子のエネルギー

　現在では電子に対する理解が深まり，電子を正しく取り扱うには**量子力学**を使
う必要があることが知られている．量子力学では，電子や**光子**などは**粒子性**と**波
動性**を併せ持ち，その力学量は量子が存在する環境に応じて離散的な値となる．
原子核に捕われた電子のエネルギーは任意の値をとることができず，特定の離散
的な値しか持つことができない．他の力学量に関しても同様で，角運動量なども
離散的な値だけが許される．このように力学量が離散的な値になることを**量子化**
されるという．Eという電子エネルギーが安定な場合，エネルギーEの電子準位
が存在するといい，実際に電子がこのエネルギーEを持っているとき，電子がこ
の**エネルギー準位**に存在するという．量子化された状態を区別するのに**量子数**と
いう量を使う．

　水素原子内の電子はいくつかの状態で安定であるが，これらの状態はn, l, m,
sという四つの量子数で区別されている．

　nは**主量子数**と呼ばれ，$n = 1, 2, 3, \cdots$という整数値である．水素原子のモデ
ルに，太陽系の惑星のように平面内を円運動するのではなく，電子は球殻上を**運
動**しているというモデルがある．このモデルでもいくつかの半径の球殻が安定だ
とされており，半径の小さいものから順にK殻，L殻，M殻などと名前が付けら
れていた．このモデルでいうK殻は$n = 1$の電子，L殻は$n = 2$の電子に対応す
るものであることが知られている．すなわち，nの数値は電子の軌道半径と関係
している．また，一般にnが大きくなると電子エネルギーは大きくなる．付近に
他の電荷がない静止した電子のエネルギーを0とすれば，水素原子内では陽子の
正電荷のためにエネルギーが下がる．$n = 1$の電子のエネルギーは−13.6 eV，

軌道半径は 0.053 nm（**ボーア半径**と呼ばれる）であり，原子核の大きさに比べてはるかに大きい．

l は**方位量子数**と呼ばれ，$l = 0, 1, \cdots, n-1$ のいずれかの整数値をとる．l の値が大きくなると電子エネルギーはわずかに増加する．水素原子の発光スペクトルの研究から，水素原子内の電子の安定状態がいくつか予想され，s，p，d，f などの名前が付けられていたが，量子力学で得られた l の値とこれらの状態が関係あることがわかり，現在では $l = 0$ の状態を s 状態，以下 $l = 1, 2, 3$ の状態をそれぞれ p，d，f 状態と呼ぶのが慣例である．l は軌道角運動量，太陽系モデルで言えば地球の公転の角運動量の量子化に関係した量子数である．電子は電荷を持つため，この角運動量により原子は**磁気モーメント**を持つことになる．

m は**磁気量子数**と呼ばれ，$m = -l, -l+1, \cdots, 0, 1, \cdots l$ のいずれかの整数値をとる．m の値が異なると電子状態は異なるが，通常 n と l が同じであれば m の値が異なっても電子エネルギーは等しい．このように異なる量子数で表される状態のエネルギーが等しいとき，これらの量子数で表される準位は**縮退**しているという．軌道角運動量はベクトル量であり，m はこのベクトルの方向に関連した量子数である．

量子力学では電子の s 状態，p 状態などは互いに直交する波動関数で表される．直交の意味は量子力学的な意味であるが，詳細は量子力学の教科書を参照していただきたい．電子の s 関数は球対称である．p 関数は m の値に応じて 3 種類ある．この 3 種類を適切に組み合わせると，実際の空間でも互いに直交する方向に伸びた 3 個の関数を得ることができる．通常これを p_x，p_y，p_z として共有結合の方向性の説明などに使う．d 関数や f 関数では関数の数が多くなり，3 次元空間でこれらが直交しているように見えるように図示することはできない．

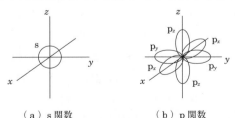

（a）s 関数　　　　　　（b）p 関数

s 関数は球対称，p_z 関数は x 軸方向に伸び，x の正負により p_x 関数の符号が変わる．p_y，p_z についても同様．

●**図 2**● s 関数と p 関数の模式図

s は**スピン量子数**であり，$s = -1/2, 1/2$ のいずれかの値をとる．電子が持つ角運動量に関係した量で，太陽系モデルで類似のものを捜せば，地球自転の角運動量ということができる．磁気モーメントとも関係し，スピンは物質の磁気的性質と深い関係がある．

$s = \pm 1/2$ の状態は常に縮退しており，外部磁界の中に置いたときだけ二つの状態のエネルギーが一方は増え，一方は減少する．このように縮退していたエネルギー準位が何らかの影響で異なるエネルギーを持つようになることを縮退が解けるという．$s = 1/2$ の状態を↑，$s = -1/2$ の状態を↓で表すこともあり，それぞれアップスピン状態，ダウンスピン状態という．

水素原子内電子の状態はエネルギーの小さい順に 1s, 2s, 2p, 3s, 3p, 3d, … 状態など多数ある．ここで，前の数字は主量子数 n，次のアルファベットは方位量子数 l を表す記号である．水素原子内には電子は 1 個しかないので，実際にはこれらの準位の一つを電子が占めることになる．電子エネルギーが低い状態が安定なので，通常の状態では水素原子内の電子は 1s 準位に 1 個ある．これを 1s 軌道に 1 個の電子があるということもある．あるいは**電子配置**が $1s^1$ であるという．

ここで重要な**パウリの原理**を述べよう．この原理は「2 個の電子が同一状態になることはない」というものである．同一状態とは，すべての量子数が等しい状態を意味する．1 個の電子がある準位を占有すると他の電子はこの準位に入ることができないので，この原理のことを**パウリの排他律**ともいう．

原子番号 2 の He（ヘリウム）でも電子が取り得る状態は 1s, 2s, 2p, … と多数存在するが，He の電子数は 2 なのでこれらの状態のうち最低エネルギーである 1s 状態に電子が 2 個存在することになり，電子配置は $1s^2$ となる．

原子番号 3 の Li（リチウム）では電子数が 3 だが，1s 状態は $m = 0$，$s = \pm 1/2$ の二つの状態しかなく，パウリの原理により 3 個目の電子は 1s 状態になることはできず，次にエネルギーの低い準位である 2s 状態になる．したがって，電子配置は $1s^2 2s^1$ になる．以下，p 軌道は $m = -1, 0, 1$ の 3 種類にそれぞれ $s = \pm 1/2$ があるので 6 個の電子が収容できる．p 軌道に電子が入る場合，同一スピンが優先されて入る．これを**フントの規則***という．p 軌道に同一のスピンを持つ電子は 3 個しか入ることができないので 4 個目からは逆向きのスピンを持つ電子が入り，

---

*　フントの法則（Hund's rules）ともいう．

アップスピンの電子とダウンスピンの電子が対になって安定化する．スピンが対になっていない電子を**不対電子**と呼び，この不対電子が化学反応に強く関与する．

K殻には2個，L殻には8個の電子が収容できる．最外殻のすべての電子準位に電子が存在するとき，原子は化学的に極めて安定になり，他の原子と化学反応しない．Heや原子番号10のNe（ネオン）がこの物質である．最外殻のp軌道がすべて電子で占められ，d軌道に電子がない場合も不対電子がないため化学反応しない．この例が原子番号18のAr（アルゴン）や原子番号36のKr（クリプトン）である．これらは**希ガス**と呼ばれている．Xe（キセノン）やRn（ラドン）も内殻が完全に詰まっていないという違いはあるが，最外殻には8個の電子がある．このように，最外殻に8個の電子がある状態は極めて安定である．最外殻電子を価電子とも呼ぶ．元素を原子番号順に並べると，周期的に最外殻電子の状態が類似し，化学的な性質も類似する．このことを**周期律**と呼び，このように元素を並べた表を**周期表**と呼ぶ（後ろ見返しページを参照）．

4s状態は3s状態より高エネルギー状態であるが3d状態も3s状態より高エネルギーであり，4sと3dのエネルギー差は小さい．3d状態のエネルギー（他の状態でも同様だが）は3d状態に何個の電子があるかによって異なる．このことは完全に詰まった3d軌道から電子を取り出すのに必要なエネルギーを考えてみれば納得できるだろう．最初の1個を取り出すと，全体の電荷が電子1個分だけ増えるので電子を引きつけるクーロン力が強くなり，2個目は取り出しにくくなる．3個，4個と取り出した数が増えるたびに，電子を1個取り出すエネルギーは大きくなる．電子を取り出すエネルギーが大きいとは，電子が低エネルギー状態にあるということである．d電子の数が増えるとエネルギーが次の殻のs電子のエネルギーよりも大きくなり，d軌道が満たされる前にs軌道に電子が入る状態が生じるようになる．このように原子番号の大きな原子の場合は電子配置の規則も複雑になるが詳細は省略する．

〔2〕**原子間・分子間の結合を学ぼう** ■ ■ ■

① イオン結合

原子または分子から電子が1個取れた状態を1価の**正イオン**（または**陽イオン**）と呼ぶ．電子が2個取れた状態を2価の正イオンと呼ぶ．原子または分子に電子が1個付着した状態を1価の**負イオン**（または**陰イオン**）と呼ぶ．2価，3価の負イオンももちろんあり得る．

原子から1価の正イオンを作るのに必要なエネルギーを**イオン化エネルギー**と呼ぶ．これは**真空準位**（原子の影響が及ばない位置に静止している電子のエネルギー）と最外殻電子のエネルギーのうち最大のものとの差であり，水素原子の場合は13.6 eVである．Li（リチウム）やNa（ナトリウム）などのように最外殻に1個の電子を持つ物質はこの電子を放出すると一つ内側の殻が最外殻になり，これが電子8個を持つ希ガス配置で安定なのでこの形になろうとし，イオン化エネルギーは小さい．しかし2価の正イオンにするのは困難である．1価のナトリウムイオンはNa^+と書かれる．Be（ベリリウム）やMg（マグネシウム）は最外殻に2個の電子を持ち，2価の正イオンになれば希ガス配置になり安定である．2価の正イオンはMg^{++}あるいはMg^{2+}のように書かれる．

原子と電子が離れているときに比べて電子が原子に付着して負イオンになっているときのほうが低エネルギーになる場合，このエネルギーの大きさを**電子親和力**と呼ぶ．F（フッ素）やCl（塩素）は最外殻に7個の電子を持っており，電子を1個追加して希ガス電子配置になって安定化しようとする性質があり，大きな正の電子親和力を持ち，負イオンになりやすい．負イオンはCl^-などと書く．

化学の分野では電子の引き付けやすさを**電気陰性度**で表すこともある．定義の詳細は省略するが，電気陰性度の大きな物質は電子を引き付けやすい．

電子親和力の異なる原子を電子が移動できるほど近づけると，電子は電子親和力の小さな材料から電子親和力の大きな材料に移動し，正負のイオンとなる．正負のイオンは互いに引き合い結合する．これが**イオン結合**である．結合力はクーロン力であり，結合の方向性はない．Na^+とCl^-はイオン結合する．通常，NaとClの数は極めて多いので，Na^+同士およびCl^-同士はできるだけ遠く，かつNa^+とCl^-はできるだけ近く配置しようとして規則的に配列する．このようにイオン結合で規則的にイオンが配置したものを**イオン結晶**と呼ぶ．イオン結合は強い結合であり，イオン結晶は一般に融点が高く，硬くて脆い．電子はイオンに束縛されていて，電流として流れにくい，すなわち絶縁体である．

② 共有結合

最外殻に7個の電子を持つ原子同士が近づいて電子が二つの原子の間を行き来できる程度の距離になると，2個1組の電子を2個の原子で共有することによりそれぞれの原子が8個の最外殻原子を持つ希ガスの電子配置になって安定になる．このとき，共有される前の電子はそれぞれ不対電子であるが，これらが対になっ

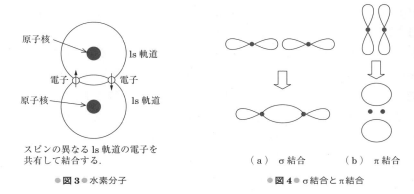

スピンの異なる 1s 軌道の電子を
共有して結合する.

●**図 3**● 水素分子　　　　　　　　　　●**図 4**● σ 結合と π 結合

（a）σ 結合　　　（b）π 結合

て安定になる．二つの原子は電子を共有しているため強固に結合する．これを**共有結合**という．H_2 の場合でも**図3**に示すように1組の電子を2個の原子で共有し，それぞれがHeと同じ電子配置になり結合する．CO_2（二酸化炭素）ではC（炭素）の最外殻電子数は4，O（酸素）の最外殻電子数は6であるから炭素と酸素は4個2組の電子を共有して結合する．共有する電子が2組あるので**2重結合**と呼ばれる．N_2 ではNの最外殻電子数が5なので3組の電子を共有して結合する．これは**3重結合**と呼ばれる．これらはすべて共有結合で，H_2 の場合のような1組の電子による結合を特に区別する場合には**単結合**（または**1重結合**）と呼ぶ．

　共有結合では原子間の結合は結合に関与する電子の軌道関数が結合相手の対になる電子の軌道関数と交じり合って結合する．多重結合では，1組の電子は互いに相手原子に向かう方向に伸びた軌道に属し，軌道の長手方向の先端から交じり合って結合する．これを **σ 結合**と呼ぶ．二つ目以降の電子は原子間を結ぶ直線と垂直方向に伸びた軌道に属し，二つの原子の電子軌道が交じり合うのは電子軌道の側面から交じり合って結合する．これを **π 結合**と呼ぶ．これらの結合の様子を**図4**に示す．有機エレクトロニクスではこの π 電子が重要な役割を果たす．

　純粋な共有結合は同じ原子同士の結合で生じる．異なる原子の結合では原子の電子親和力が異なるため，電子は電子親和力の大きな原子により大きな割合で滞在する．イオン結合は電子が電子親和力の大きな原子に捕われているが，電子親和力の小さな原子には全く滞在しないということはなく，わずかとはいえ電子親和力の小さな原子にも電子は滞在する．イオン結合と共有結合の違いは電子の偏りの程度の違いである．

　H_2Se（セレン化水素）の場合，最外殻電子数が6のSe（セレン）では4個のp電子はフントの規則によってp_x，p_y，p_zのうち一つには対になった電子が入っているが，他は不対電子が入っておりこれが水素と共有結合するのでH-Se-Hの角度は90°になる．実際の測定では91°である．H_2O（水）の場合も同様であるが，電子親和力の差により電子が酸素側に偏っていることと，酸素原子が小さいため，正に帯電した水素原子間の距離が近くなるのでクーロン反発力が強く，H-O-Hが成す角は104.5°と90°よりやや大きくなっている．NH_3（アンモニア）では原点にあるNに対してx, y, z軸方向にHが結合している．

　半導体として重要なSi（ケイ素またはシリコン）は最外殻に4個の電子を持つが，フントの規則によって2個のp電子が不対電子となって結合に寄与するのではなく，4個のsp^3混成軌道がそれぞれ1個の不対電子を持って結合に寄与している．sp^3混成軌道は$s+p_x+p_y+p_z$，$s+p_x-p_y-p_z$，$s-p_x+p_y-p_z$，$s-p_x-p_y+p_z$の4種類の波動関数で表され，正四面体の中心から4個の頂点に向かう方向に結合が伸びている．sp^3混成軌道は1個のs関数と3個のp関数から一つの軌道（電子状態）ができていることを表しており，原子の電子配置を表す$2s^2\,2p^3$が2s電子が2個と2p電子が3個あることを表しているのと紛らわしいが全く別の内容である．CH_4（メタン）も炭素のsp^3混成軌道を使って結合しており，分子の形は海岸に消波のために置いてあるテトラポットのような形になる．Cがsp^3結合で結晶化したものがダイヤモンドである．

　sp^2混成軌道というのもある．この軌道は平面的であり，正三角形の中心から正三角形の頂点に向かう方向に結合が伸びている．多数の炭素原子がsp^2結合で結合すると炭素原子が六角形に並んだ平面網目状になり，これをグラフェンシートと呼んでいる．**カーボンナノチューブ**はこのグラフェンシートが筒状になったものである．グラフェンシートが弱い力（ファンデルワールス力）で結合して層状になったものがグラファイトである．

　共有結合は強固な結合であり，共有結合でできた結晶は硬く，融点も高い．電気的特性は原子配列の規則性の乱れなどによって大きく変化する．

　③　金属結合

　共有結合では隣接する2原子で電子を共有しているが，固体を形成しているすべての原子で電子を共有している結合が**金属結合**である．金属結合に関与している価電子は極めて広い範囲を自由に移動できるので，自由電子と呼ばれている．

自由電子の存在のため，導電率が大きい．金属結合している物質では電子が電界に応答しやすいため光が内部に入りにくく，光反射率が大きい．また特有の金属光沢がある．

金属結合では原子間隔を小さくしたいという凝集エネルギーで固体になっており，融点は比較的高いが，外力に対して変形しやすく，延性および展性に富んでいる．これは特定の原子間が結合しているのではなく，原子間距離が同じなら近くにある原子が入れ替わっても構わないため，原子の移動に対する抵抗が小さいからである．

④ その他の結合

イオン結合，共有結合，金属結合では原子間の電子の授受や共有によって強く結合し，分子を作る．これらの結合は強く，熱エネルギーなどで結合を切ろうとしても簡単には切れない．これらよりはるかに弱いが分子の電気双極子が関係した相互作用も分子間に力を生じさせる．

分子の電荷の総和は0であるが，電子分布の偏りがあるので分子の対称性によっては電気双極子モーメントが0でない物質がある．この双極子を**永久双極子**と呼ぶ．CO_2はCとOに電荷の偏りがあっても，O-C-Oが直線的に並んでいるので対称性から永久双極子を持たないが，H_2OはHの電子の一部はOに奪われているためH-Oが双極子であり，これが104.5°の角度で存在するので永久双極子を持つ．永久双極子を持つ分子を極性分子と呼ぶ．

永久双極子を持たない分子も，内部は正負の電荷で構成されているため，付近に電荷や双極子があると，分子内部の正負電荷の相対位置が変化し，双極子モーメントが発生する．これを**誘起双極子**と呼ぶ．

付近に電荷などがなくても，分子内部の電荷は運動しているため，瞬間的に観測すれば対称性が破れ，双極子モーメントが発生している．これを**瞬間双極子**と呼ぶ．

NaClのようなイオン結合の物質が水に容易に溶解するのはイオン–双極子相互作用による．極性分子であるH_2Oの双極子とイオンの相互作用によりイオンの周囲にH_2Oが集まり，正負のイオンが結合するのを邪魔することになる．

極性分子間では双極子–双極子相互作用により引力が発生する．H_2Oでは二つ以上の分子がHを介して他の分子とO-H-Oの結合を作る．双極子–双極子相互作用のうち，H_2Oの場合のようにHに関係した双極子を介してX-H-Yの形の結

合を作るとき，これを**水素結合**と呼ぶ．XとYはH_2Oの場合のように同種の原子であってもよい．水素結合は比較的強い結合であるため，H_2Oは0℃，100℃という高い融点，沸点を持つ．

　瞬間双極子-瞬間双極子相互作用による結合が**ファンデルワールス結合**である．弱い力であるが，どのような分子間にも働く力である．希ガス原子間では他に働く力がないので，希ガスの液化や固化ではこの力が重要である．

　なお，元素記号は周期表として後ろ見返しページに示す．本文では，これらの元素記号が特に断りなく使用されるので注意していただきたい．

1章

電気・電子材料の基礎(1)

物質は原子で構成されている．原子が複数結合して分子になっている場合もある．これらが基本単位となって，この基本単位が空間的に周期性を持って配列しているとき，これを結晶と呼ぶ．ここでは固体の性質を決めるうえで極めて重要な役割を果たす結晶構造について学ぶ．

多くの固体は小さな結晶が多数集合した多結晶であるが，大きな単一の結晶である単結晶や，空間的な周期性を持たない非晶質物質も存在し，これらについても学ぶ．

◦1◦ 結晶構造を学ぼう

多くの固体では一部を詳細に見ると原子が規則正しく並んでいる．これを結晶と呼ぶ．これに対し，原子の配列に規則性がない固体を非晶質（アモルファス）と呼ぶ．結晶になるのは，原子間相互作用エネルギーの総和が，原子が規則正しく並んだときに最小になるからである．規則正しく並んで結晶になるのは原子に限らず，分子が規則正しく並んで結晶になることもある．

〔1〕ブラベ格子 ■■■

結晶は**図1・1**に示すような構造を基本として，これがa, b, cの方向に繰り返して空間を埋め尽くしている．図中の線は実際の結晶内に存在するわけではないが結晶構造を見やすくするために仮に引いた線であり，結晶ではこれが格子状になるので，**結晶格子**と呼ぶ．この格子の交点を**格子点**と呼ぶ．実際の結晶では，この格子点の位置（図中の○印）に原子や分子が存在する．

●**図1・1**●単位胞

ブラベ（A. Bravais）は基本的な原子等の配置を周期的に繰り返すことにより空間を埋め尽くすことができる構造は，**表1・1**に示す14種類以外にないことを示した．**ブラベ格子**は7種の結晶系に分類でき，結晶はこれらを**単位胞**（unit cell）としてこれを周期的に配列することにより構成されている．単位胞の一辺の長さをa, b, cとし，**b**と**c**が成す角をα，**c**と**a**が成す角をβ，**a**と**b**が成す角をγとし

●**表1·1**● 結晶の分類とブラベ格子

結晶系 パラメータ	単純 P	体心 I	面心 F	底心 C
①立方 $a = b = c$ $\alpha = \beta = \gamma = 90°$				
②正方 $a = b$ $\alpha = \beta = \gamma = 90°$				
③斜方 $\alpha = \beta = \gamma = 90°$				
④六方 $a = b$ $\alpha = \beta = 90°$ $\gamma = 120°$				
⑤菱面体 または三方 $a = b = c$ $\alpha = \beta = \gamma = 90°$				
⑥単斜 $\alpha = \gamma = 90°$				
⑦三斜 上記以外				

たとき，七つの晶系は表1·1に示すようにa, b, c, α, β, γの間の関係で定義されている．特徴的な軸が1本存在する場合，これをc軸とする．a, b, cの大きさを**格子定数**と呼ぶこともある．

　単位胞の長さa, b, cは常に格子点の周期の最小値であるとは限らない．例えば面心立方格子では周期の最小値は，$a/2 + b/2$, $b/2 + c/2$, $c2/ + a/2$である．このようなベクトルは基本並進ベクトル，3個の基本並進ベクトルが作る平行六

面体は**基本単位格子**（primitive cell）と呼ばれ，物性の理論計算には重要であるが，多くの場合には直感的に**立方格子**（**立方晶**）であることがわかりやすいように表1・1の形に単位胞が選ばれている．

各格子点に同じ大きさの剛体球を配置することを考えよう．原子間にはこれ以上近づけない距離があるのでこれを剛体球の直径とする．原子同士の凝集力で全体の体積がなるべく小さくなるように集まるため，剛体球同士は接触しているとする．

単位胞内部にある球の体積を単位胞の体積で割った値を**占有率**（**充填率**）と呼ぶ．単純立方格子では単位胞の体積は a^3，球1個の体積は $4\pi(a/2)^3/3$ であり，立方体の隅にある球の体積の1/8だけが考えている単位胞の中に入っている．立方体の角は8個あるので結局単純立方格子の占有率は $\pi/6 = 0.524$ になる．

剛体球が最も密に詰まった状態を考える．この場合，層状に並べることになり，第1層は**図1・2**に示すように隣り合う球が互いに接する配置が最密であることは言うまでもない．これをA層とする．第2層はA層の球でできる正三角形の中心に並べることになる．これをB層とする．A層の正三角形とその中心のB層の球は正四面体の頂点になる．第3層はB層の球でできる正三角形の中心に並べるが，このとき，A層と同じ位置に並べることもできるし，A層とは異なる位置Cに並べることもできる．ABAB…と並べたとき，これは**六方最密**（hcp：hexagonal closed pack）**構造**になる．一方ABCABC…と並べたとき，これは立方最密構造であり，**面心立方**（fcc：face centered cubic）**構造**になる．面心立方構造では立方体の隅とこれに最近接な3個の面心にある，計4個の球が正四面体の頂点にあり，この正四面体はA層，B層の計4個の球が作る正四面体である．

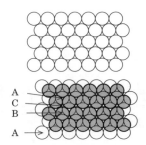

ABAB…と重なるとき六方最密構造，ABCABC…と重なるとき面心立方構造である．

●**図1・2**● 最密構造

面心立方構造と六方最密構造の占有率は等しく，すべてのブラベ格子の中で最大で，$\sqrt{2}\,\pi/6 = 0.74$ となる．**体心立方**（bcc：body centered cubic）**構造**では占有率が $\sqrt{3}\,\pi/8 = 0.68$ となり，やや隙間が多くなる．原子間に結合の方向性がない場合には占有率の大きな最密構造や体心立方構造になりやすい．

〔2〕結晶面と方向の表現法 ■ ■ ■

格子点の一つに原点をとり，結晶の周期性の方向に a, b, c 軸をとる．各軸にはその方向の周期を単位として目盛りを付ける．このとき格子点の座標は (l, m, n) とすべて整数で表される（面心構造や体心構造の場合，1/2という座標の値が現れる場合もある）．

原点Oから格子点 (l, m, n) へ向かう方向を，l, m, n の最大公約数 L を使って $[l/L, m/L, n/L]$ で表す．例えば，原点から格子点 $(4, 2, 2)$ へ向かう方向は〔２１１〕である．方向は方位ともいう．座標の値が負の場合は方位を表す指数の上に￣を付ける．例えば原点から格子点 $(-2, 0, 2)$ へ向かう方向は〔$\bar{1}$０１〕である．例を**図1・3**に示す．

立方格子の各格子点に同一の原子が1個あるような場合には〔１００〕，〔$\bar{1}$００〕，〔０１０〕，〔０$\bar{1}$０〕，〔００１〕，〔００$\bar{1}$〕の各方位はすべて等価である．このような方位を一括して表す場合には〈１００〉と表す．

複数の格子点を含む平面を網平面と呼ぶ．平面を表すには，平面が a 軸，b 軸，c 軸とそれぞれ p, q, r で交わるとき $l = 1/p, m = 1/q, n = 1/r$ を満たす最小の整数の組 l, m, n を用いて $(l\ m\ n)$ と書く．例えば a 軸と $2, b$ 軸と $1/2$ で交わり，c 軸とは交わらない場合，逆数 $1/2, 2/1, 1/\infty$ を最小の整数にして，(140) のように表す．軸と交わる座標の値が負の場合は対応する数字の上に￣を付けるのは

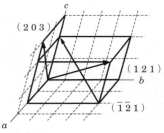

a, b, c 軸は直交しているとは限らず，各軸方向の単位長さも等しいとは限らない．

●**図1・3**● 結晶内の方向の表現法

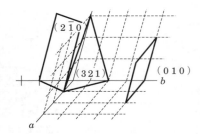

平行な面は同じミラー指数で表される．

●**図1・4**● 結晶面の表現法

方位を表す場合と同様である．$(l\,m\,n)$を**面指数**と呼ぶ．いくつかの例を**図1・4**に示す．方位の場合と同様，結晶系によっては等価な面が複数ある場合があり，等価な面すべてを表す場合には{1 0 0}のように表す．このような結晶面の表し方を**ミラー指数**（Miller index）と呼ぶ．

　六方晶の場合には，$120°$の角度で交わるa_1, a_2, a_3軸とこれらに垂直なc軸を用いて，$[hkil]$や$(hkil)$の形で表される場合が多い．h, k, iには$h + k + i = 0$の関係があるのでiが省略されて三つの指数で表される場合もある．

〔3〕面間隔の測定 ■ ■ ■

　X線が結晶の網平面に入射すると，ほとんど透過するが一部は網平面により反射される．通常，多数枚の網平面による反射波は観測点までのX線伝搬距離が異なり位相差が生じ，干渉により弱められるが，伝搬距離の差が波長の整数倍のときには平行な多数枚の網平面からの反射波が同位相で重なり合い，強い反射波が得られる．面間隔をd，入射X線の伝搬方向と網平面の成す角をθ，X線の波長をλとして，**図1・5**を参考にこの条件を式で示せば

$$2d \sin \theta = n\lambda \qquad\qquad (1\cdot1)$$

となる．ここでnは整数である．この条件をブラッグ（Bragg）の条件と呼ぶ．式$(1\cdot1)$の条件を満たすとき，X線は入射方向に透過するほか，入射方向と角度2θの方向にも強く観測される．これを結晶によるX線の回折と呼び，2θは回折角と呼ばれている．nを回折の次数ということもある．

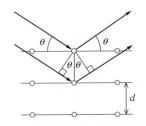

●**図1・5**● 網平面によるX線の反射と干渉

◦**2**◦ 実際の結晶にはどのようなものがあるのだろう

　現実の結晶はブラベ格子の格子点に原子団を置いた形になっている．例えば，体心立方構造のFeでは体心立方格子の格子点にFe原子1個が存在する構造である．しかし，このように単純な構造を持つ物質はあまり多くない．

〔1〕岩塩構造 ■■■

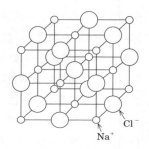

●**図1・6**● NaCl構造

　NaClでは$r = 0$の位置にNa$^+$，$r = a/2$の位置にCl$^-$がある一組のNaClが**図1・6**に示すように**面心立方**（fcc：face centered cubic）**格子**の各格子点に存在する構造である（Cl$^-$イオンは実際には互いに接するほど大きい）．この結晶構造を**岩塩構造**（NaCl構造）と呼ぶ．Na$^+$，Cl$^-$それぞれがfcc構造になっている．

　AgCl，KF，MgO，CaO，FeO，NiO，TiC，NbC，PbTeなどがこの構造をとる．

〔2〕閃亜鉛鉱構造 ■■■

　$r = 0$の位置のZn，$r = a/4 + b/4 + c/4$の位置のSを一組のZnSとして**図1・7**のように面心立方格子の各格子点に置いた構造が**閃亜鉛鉱構造**である．岩塩構造と同じように，Znだけでみても，Sだけで見てもそれぞれfcc格子になっている．岩塩構造との違いは二つのfcc副格子の相対位置である．立方晶なので$|a| = |b|$

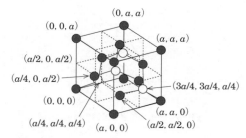

●はZn，○はS．●は$(0, 0, 0)$，$(a, 0, 0)$，$(a/2, a/2, 0)$，$(0, a, 0)$，$(a, a, 0)$，$(a/2, 0, a/2)$，$(0, a/2, a/2)$，$(a/2, a, a/2)$，$(a, a/2, a/2)$，$(0, 0, a)$，$(a, 0, a)$，$(a/2, a/2, a)$，$(0, a, a)$，(a, a, a)などの位置にある．○は●の位置に$(a/4, a/4, a/4)$を加えた位置にある．$(a/4, a/4, a/4)$にある○は$(0, 0, 0)$，$(a/2, a/2, 0)$，$(a/2, 0, a/2)$，$(0, a, a)$にある最近接の●と結合している．

●**図1・7**● 閃亜鉛鉱構造とダイヤモンド構造

$=|c|=a$ であり，これを**格子定数**と呼ぶ．Zn の位置ベクトルは $(0, 0, 0)$，$(a/2,$ $a/2, 0)$，$(a/2, 0, a/2)$，$(0, a/2, a/2)$ およびこれらに (la, ma, na) を加えたものである．ただし，l, m, n は整数である．また，S の位置ベクトルは Zn の位置ベクトルに $(a/4, a/4, a/4)$ を加えたものである．Zn 原子の最近接原子は 4 個あり，すべて S である．S 原子の最近接原子も 4 個あり，すべて Zn である．最近接の Zn と S は sp^3 混成軌道の電子による共有結合で結合しており，原子間結合の方向性が強いのでこのような結合になる．

GaAs や InP など半導体光デバイスで重要な材料の多くがこの構造をとる．

〔3〕 ダイヤモンド構造 ■ ■ ■

閃亜鉛鉱構造では，Zn と S という異なる原子が各格子点に存在するが，この二つをともに C で置き換えた構造が**ダイヤモンド構造**である．半導体材料として重要な Si や Ge もダイヤモンド構造の結晶である．

〔4〕 ウルツ鉱構造 ■ ■ ■

青色発光素子で有名になった GaN などは**ウルツ鉱構造**と呼ばれる構造をしており六方晶系に属している．図 1・2 に示した最密充填構造では ABCABC… と積層するとこの積層方向は fcc の $\langle 111 \rangle$ 方向であり，ABAB… と積層すると hcp の $\langle 0001 \rangle$ 方向である．閃亜鉛鉱構造とウルツ鉱構造の関係は前者の積層が

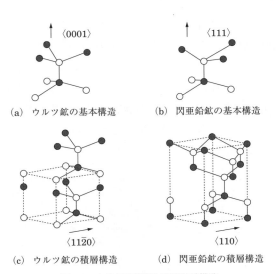

(a) ウルツ鉱の基本構造　　　(b) 閃亜鉛鉱の基本構造

(c) ウルツ鉱の積層構造　　　(d) 閃亜鉛鉱の積層構造

● **図1・8** ● ウルツ鉱構造と閃亜鉛鉱構造

ABCABCであるのに対し，後者の積層がABABであるという関係にある．図1·2の場合と異なるのは，ここではA，B，Cなどと記しているのは一組のGaAsまたはGaNの位置であることである．**図1·8**はウルツ鉱構造と閃亜鉛鉱構造の構造の関係を示している．図1·8 (a)，(b)ではA層は上半分，C層は下半分しか描いていない．図1·8 (c)，(d)は積層数を少し増やした図で，点線はこの形が繰り返されることを示している．

　これらの構造はhcpやfccと同じ積層構造になっているが，積層されているのはGaNやGaAsという固有の結合長を持つ原子対なので，剛体球を積層した場合のような完全な最密構造ではない．

〔5〕**ペロブスカイト構造** ■ ■ ■

　$BiTiO_3$は**図1·9**に示すような立方格子になり，**ペロブスカイト**（$CaTiO_3$）**構造**と呼ばれている．複雑な形をしているように見えるが，図1·9 (a)に示すようにBa^{2+}イオンに注目してみれば単純立方格子であることがわかる．当然ではあるが，図1·9 (b)のようにTi^{4+}イオンに注目してみても単純立方格子である．O^{2-}に注目しても同様であるが，この場合は3個のO^{2-}イオンを組にして一つの格子点に配置されている．図1·9 (a)や(c)を見れば，比較的イオン半径が大きなBa^{2+}とO^{2-}で最密構造であるfcc構造になり，隙間に小さなTi^{4+}が存在するとみることもできる．$PbTiO_3$，$NbTiO_3$などもこの構造である．図1·9の (a)，(b)，(c)はいずれも単位格子であるが単位格子のとり方が異なる

　$BaTiO_3$は120℃以下では立方構造より一つの軸長が伸びた正方構造が安定になる．伸びた軸をc軸とする．このとき図1·9 (a)のようにTi^{4+}が近接6個のO^{2-}の中心にあるよりも，c軸方向に一方のO^{2-}に近づいたほうが安定でTi^{4+}の位置が中心からc軸方向に少しずれる．この状態では正電荷の重心と負電荷の重心の位置がずれ，大きな電気分極が発生する．また，Ti^{4+}イオンは半径が小さく移動

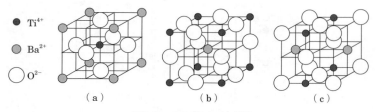

●**図1·9**● ペロブスカイト構造

しやすいので外部電界により移動可能であり，外部電界を反転すると電気分極も反転し，極めて大きな誘電率を示す．このような物質は，強誘電体と呼ばれる．

〔6〕その他の結晶 ■■■

これまでに紹介した構造のほか，CaF_2などで見られる蛍石構造，黒鉛のグラファイト構造，フェライトの逆スピネル構造，磁性材料である**YIG**（yttrium iron garnet）やレーザ用結晶である**YAG**（yttrium aluminum garnet）などで見られるガーネット構造などがあり，さらにこれら以外にも種々の結晶構造がある．

◦**3**◦ 結晶の対称性について調べてみよう

結晶の対称性は物質の種々の物性を決める重要な性質である．ここではその一部について説明する．

〔1〕反転対称性 ■■■

位置ベクトルr_Aに原子Aが存在すれば$-r_A$にも原子Aが存在するように座標原点を決めることができる場合，この点を**反転中心**と呼び，この構造は**反転対称性を持つ**という．NaClでは原点をNa^+の位置にとればよいのでNaClは反転対称である．また，ダイヤモンドでは最近接C原子位置間の中央が反転中心となり，反転対称性を持つが，閃亜鉛鉱構造では条件を満たすように原点を決めることができないので閃亜鉛鉱構造は反転対称性を持たないことがわかる．$BaTiO_3$も120℃以下では反転対称性を持たない．

図1・10は反転対称性の有無を2次元結晶で例示したものである．図1・10（a）では，例えば●の位置が反転中心である．図1・10で●と○が電荷を持っていれば，双極子モーメントが図中の矢印の形に存在するが，これらのベクトル和は0である．しかし，結晶を左右に引っ張って伸ばした場合，図1・10（a）では水平方向の双極子モーメントは大きくはなるが全体のベクトル和は0であるのに対し，図1・10（b）では上向きの正味の双極子モーメントが生じ，結晶全体として同じ方向

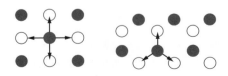

（a）反転対称性あり　　（b）反転対称性なし

●**図1・10**●結晶の反転対称性

に電気分極が発生する．このように結晶を変形させると電気分極が発生する現象
を**圧電効果**と呼ぶ．変形のさせ方を変えると発生する分極の方向がどうなるかな
ども結晶構造をもとにして知ることができる．

　圧電効果は反転対称性のない物質にのみ現れる．同様に2次の非線形光学効果
（電界印加で物質の屈折率が変化する現象の一種）は反転対称性を持たない物質で
のみ観測される．

〔2〕その他の対称性 ■■■

　立方格子はa軸を中心として$2\pi/4$だけ回転しても同一の構造をしている．こ
のような回転を4回繰り返すと元に戻ることから，このような回転軸を**4回回転
軸**と呼び，このような軸を探すことができる対称性を**4回回転対称**と呼ぶ．立方
格子ではb軸，c軸も4回回転軸であるが，正方格子ではa軸，b軸は2回回転軸で，
c軸だけが4回回転軸である．立方格子は$\langle 111 \rangle$方向の3回回転対称軸も持つ．

　$r = (x_A, y_A, z_A)$の位置に原子Aがあれば，$r' = (x_A, y_A, -z_A)$にも同一の原子A
がある場合，$z = 0$の平面を**鏡映面**と呼び，このような構造は**鏡映対称を持つ**と
いう．回転と鏡映を組み合わせた**回映軸**というものもある．

　一つの軸を中心に回転した後，他の軸を中心に回転したり，鏡映したりなど，
複数の対称操作を組み合わせることもできる．回転や鏡映などの個々の対称操作
を集合の元と考え，回転と鏡映の組合せなどを回転と鏡映の積であると定義する
と，対称操作の集合は数学でいう群の条件を満たす．群の性質を数学的に調べた
群論を結晶物理学に応用すると，結晶の巨視的性質や，微視的な物質内電子の波
動関数の定性的な形など，種々の有益な情報が得られる．

●**4**●多結晶と非晶質材料について知っておこう

　固体材料は単結晶・多結晶・非晶質に分類することができる．単結晶材料は材
料全体が一つの結晶になっていて，材料全体にわたって原子が規則正しく周期的
に配列している材料である．

〔1〕多結晶材料 ■■■

　融点より高温では原子が原子間距離を変えない範囲で自由に動き回り，液体で
あるが，融点以下に冷却するとよりエネルギーが小さい規則的配列になって**固化**
する．この固化開始点を**結晶核**と呼ぶ．結晶核には付近の原子が最安定位置にま
で移動して固化し，結晶が成長するが，複数の点で固化が始まる場合，すなわち

結晶核が複数個発生する場合にはそれぞれの核から成長した結晶がぶつかり合う場所では結晶構造の周期性が乱れる．このような界面を**結晶粒界**と呼ぶ．結晶粒界で囲まれた領域は原子が規則正しく並んだ結晶になっている．これを**結晶粒**と呼ぶ．多くの結晶粒で構成された物質を**多結晶**と呼ぶ．

　融液の一端から徐々に冷却したり，溶液を過飽和にして溶質である結晶原料を徐々に析出させたり，あるいは蒸気等の形で原料を少量ずつ供給するなどして，結晶表面に到達した原料原子が最安定位置に移動することができるよう十分時間をかければ単結晶が成長するが，自然冷却などの固化速度であれば，多くの場合多結晶になる．

　金属など多くの材料は多結晶であるが，半導体では結晶粒界の存在が物性に大きな影響を与えるので特別に作製された単結晶が使われることが多い．

〔2〕**非晶質材料** ■ ■ ■

　ガラスは高温では液体のように流動性があるが，温度低下とともに粘性が大きくなり次第に流れにくくなる．しかし明確な融点はない．このような物質を**ガラス状物質**と呼ぶ．ガラス状物質は固体状態でも原子位置は無秩序であり，**非晶質（アモルファス）材料**と呼ばれる．非晶質材料は，原子配列に規則性がない液体状態のまま固化した材料である．

　Siでは $1\,000\,\mathrm{K/s}$ 以上の速さで融液を急冷するとアモルファスSiになると言われているが，太陽電池に使われているアモルファスSiは SiH_4（シラン）ガスを原料にしてプラズマCVD（chemical vapor deposition）法という方法で作られている．これは気体である SiH_4 のグロー放電で生じた高速電子を SiH_4 分子に衝突させて分子を分解させ，Si原子を徐々に基板上に供給する方法である．

ま　と　め

- 固体は単結晶，多結晶，非晶質に分類できる．
- 結晶は 14 種類のブラベ格子に分類できる．
- 結晶面や方向はミラー指数で表現する．
- 結晶の面間隔は X 線回折で測定することができる．
- 実際の結晶はブラベ格子の格子点に原子団を置いた構造である．
- 結晶の対称性を調べることにより，圧電性の有無などの結晶の性質を知ることができる．

演 習 問 題

問 1　単純立方格子，体心立方格子，面心立方格子の占有率を求めよ．

問 2　単純立方格子の $[h\,k\,l]$ 方向は $(h\,k\,l)$ 面に垂直であることを示せ．

問 3　単純立方格子の隣り合う $(h\,k\,l)$ 面の面間隔を求めよ．

問 4　閃亜鉛鉱構造で，位置 $(0, 0, 0)$ にある Zn 原子が結合しているすべての S 原子の位置を求めよ．

2章

電気・電子材料の基礎(2)
バンド構造と電気的特性

　固体では $10^{22}\,\mathrm{cm}^{-3}$ 以上の高密度で原子が存在する．このような場合の電子エネルギーがどのようになっているかによって，物質が良導体であるか絶縁体であるかが決まる．この章では，固体内での電子エネルギーと，多数の電子を統計的に取り扱う方法について学ぶ．

●1● 結晶中の電子のエネルギーについて学ぼう

〔1〕原子に強く束縛された電子　■■■■

　最外殻電子がs電子とp電子であるような原子が N 個存在する系を考え，電子エネルギーの原子間隔依存性の例を**図2・1**に示す．原子密度が小さく，原子が孤立していると考えられる場合には各原子のs状態は2重に，p状態は6重に縮退しており，すべての原子は同一の電子状態を持ち得るので全原子で考えるとs状態は $2N$ 重に，p状態は $6N$ 重に縮退している．原子密度が高くなると原子間距離が短くなり，電子は隣接原子の電子と相互作用するようになり，電子エネルギーが変化する．このときは同一場所にある電子になるので，パウリの原理に従って縮退していたエネルギー準位は縮退が解けてスピンによる2重縮退を残してすべて異なるエネルギーを持つ準位になる．極めて近づくと電子エネルギーが急激に

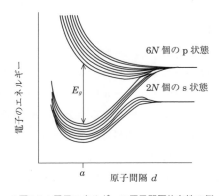

●**図2・1**●電子エネルギーの原子間隔依存性の例

増加するが，これは原子同士が衝突するまでは近づけないことを反映している．

　各原子が4個の最外殻電子を持っているとしよう．電子はなるべく低エネルギー準位に存在して系のエネルギーを下げ安定になろうとするが，孤立状態（$d = \infty$）ではs状態には$2N$個の電子しか収容できないので残りの$2N$個の電子はp電子となる．図2·1に示した例では原子間隔が短くなるとs関数とp関数が交じり合い，$6N$個のp状態のうち$2N$個は他の$4N$個に比べてエネルギーが低下している．孤立原子（$d = \infty$）の場合と比較すると$d = a$では電子エネルギーがはるかに小さいので，原子間隔がaとなって安定状態となる．

　結晶内すなわち図2·1で$d = a$の場合，電子がとり得るエネルギーがほぼ連続的といえるほど密に詰まったエネルギー範囲と，電子がとり得るエネルギーがないエネルギー範囲がある．これらをエネルギーが帯状の領域であると見なし，前者を**許容帯**，後者を**禁制帯**と呼んだ．現在では許容帯をエネルギー帯（エネルギーバンド）と呼ぶ．禁制帯のエネルギー幅（図2·1のE_g）を**禁制帯幅**と呼ぶ．禁制帯幅は**エネルギーギャップ**，**バンドギャップ**などと呼ばれることもある．

　上に述べた最外殻に4個の電子を持つ物質の場合，低エネルギーのエネルギーバンドは電子によって完全に占有されているのでこれを**充満帯**と呼ぶ．このバンドの電子は最外殻にあるいわゆる価電子であるため，このエネルギーバンドを**価電子帯**ということもあり，半導体分野では価電子帯という名称が広く使われる．

　熱膨張や圧力で原子間隔が変化すればE_gが変化するのは図2·1から明らかである．物質によっては充満帯と空のエネルギーバンドに分かれるのではなく，一つのバンドの半分だけ電子で占有されているものもあり，二つのエネルギーバンドが分離せずに重なり合うものもある．

〔2〕**ほとんど自由な電子**　■ ■ ■

　〔1〕では孤立原子から出発したが，原子が結晶格子を形成している状態から出発することもできる．結晶からすべての電子を取り去り，ここに1個の電子を戻せば原子核の電荷が作る周期ポテンシャル内の電子になる．順次結晶に電子を戻し，最後の1個を戻すときには原子核が作るポテンシャルがすでに戻された電子でほとんど遮蔽されているので，この最後の電子は極めて小さな周期ポテンシャル内の電子であり，ほとんど自由な電子である．

　簡単のために1次元で考える．周期aのポテンシャル内の波動は

$$\phi = u(x) \exp(jkx) \tag{2·1}$$

と書けることが知られている．ここでnを整数としたとき$u(x) = u(x + na)$である．この形の関数を**ブロッホ関数**と呼ぶ．ポテンシャルの変化が小さい極限では$u(x)$が定数の平面波であり，電子の場合，運動量は$p = \hbar k$，エネルギーは$E = \hbar^2 k^2 / 2m$となる．ここで$\hbar$は$h/2\pi$，hはプランク定数$(6.626 \times 10^{-34}\,\text{J}\cdot\text{s})$である．

　自由電子のエネルギーとkの関係は**図2·2**に示す．$k = 0$で$E = 0$となる1本の放物線で表される．周期aのポテンシャル内では$-\pi/a < k < \pi/a$（このkの範囲を**第1ブリルアン領域**と呼ぶ）のkで任意の電子状態を表すことができる．なぜなら式$(2\cdot1)$を$u_0(x)\exp\{j(k + 2n\pi/a)x\} = u_n(x)\exp(jkx)$とおけば$u_n(x) = u_0(x)\exp(j2n\pi x/a)$であるから，$u_0$が周期$a$の関数であれば$u_n$も周期$a$の関数になるからである．この$u_n$を使うことにより周期$a$のポテンシャル内の電子エネルギーは，第1ブリルアン領域内のkを用いてすべて表される．図2·2で第1ブリルアン領域内のエネルギーが太線で示されているが，これは第1ブリルアン領域の外のkに対し太線で示した部分が$2n\pi/a$だけ平行移動したものであり，エネルギーがkに関して周期$2\pi/a$の関数であることを示している．$n = \pm 1, \pm 2$などに対応するkの範囲をそれぞれ**第2ブリルアン領域**，**第3ブリルアン領域**などと呼ぶ．

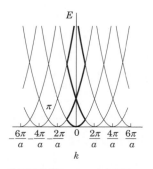

●**図2·2**● 1次元周期ポテンシャル内電子のエネルギー

　図2·2ではブリルアン領域の中心，あるいは端で二つのE-k曲線が交差している．量子力学によれば，一般にこのような点ではこれらの波動関数が交じり合い，エネルギーが増加する関数の組合せとエネルギーが減少する関数の組合せに分離する．この様子を**図2·3**(a)に示す．このように電子エネルギーは許容される値と禁制される値とに分かれる．図2·3(b)は結晶内位置座標を横軸に，電子エネルギーを縦軸にして電子の許容エネルギーを描いたものである．結晶内のどの位置にお

27

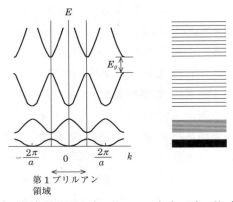

（a）相互作用によるエネルギー　　　（b）エネルギー帯
　　　の分離

● **図2・3** ● エネルギー帯

いても電子が取り得るエネルギーは同じで，その範囲は図2・3（a）で示されており，その範囲内に許容エネルギー準位を描いてある．

　このモデルでは，電子は $\lambda = 2\pi/k$ という波長を持つ波動と考えられている．1次元結晶内に N 個の原子が存在するとすれば結晶の長さは $L = Na$ である．この大きさの結晶を考えるとき，端点（表面）付近では取扱いが複雑になるため結晶は同じものがその先も繰り返し続いていると考える．これを**巡回境界条件**と呼ぶ．この境界条件を使うと，n を整数として

$$kL = 2n\pi \tag{2・2}$$

であるから，許される k の値は間隔 $2\pi/L$ の離散値である．すなわち，k の単位長さ当たり $L/2\pi$ の密度で許される k の値が分布している．第1ブリルアン領域は $-\pi/a < k < \pi/a$ であるから，このモデルでは一つのエネルギー帯内には $(2\pi/a) \times (L/2\pi) = N$ 個の許される k の値がある．スピン縮退を考慮すれば一つのエネルギー帯には $2N$ 個のエネルギー準位があるということができる．N が大きいためバンド内でのエネルギー準位の間隔は小さいが，バンドごとあるいはエネルギーの値によってこの間隔の大きさは異なる．

　自由電子では $E\text{-}k$ 曲線は1本の放物線であったが，ポテンシャルの周期性を考慮すると k 空間内の周期性のために第1ブリルアン領域の中心や端で $E\text{-}k$ 曲線が交差し，さらに交差部のエネルギーが分離する．この分離によって生じた，電子

が取り得ることができないエネルギー範囲が禁制帯である．電子は低エネルギー状態から占有していき，最後の電子が入ったバンド付近にある禁制帯が重要である．単に禁制帯幅 E_g という場合，最も重要な禁制帯の幅を指している．最も重要なエネルギー帯は物質によって異なり，ブリルアン領域の中央あるいは端にある場合が多いが，複雑なエネルギーバンド構造を持つ物質では隣接するエネルギーバンドのエネルギーの極大値と極小値が異なる k の値で生じる場合もある．

図2・1で示したエネルギー帯と禁制帯に関しても図2・3(b)と同様なエネルギー帯図を描くことができる．原子に強く束縛された電子のモデルとほとんど自由な電子は近似の出発点の相違であり，どちらから出発しても近似の精度を上げると同一の結果になる．

◦**2**◦ 粒子のエネルギー分布を学ぼう

1 mol 当たりの分子数はアボガドロ数 $N_A = 6.022 \times 10^{23} \, \mathrm{mol}^{-1}$ で表される．1 mol の物質の質量は H_2 で2g，Si で28g であり，我々が通常取り扱う量はこれから数桁程度の範囲にあり，取り扱う電子数等も極めて大きい．このような大量の粒子について個々の状態を直接計算したり計測したりはできないので，通常は平均値を使う．大量の粒子について個々の状態と平均値の関係などを取り扱うのが**統計力学**である．ここでは統計力学の重要な結果を示す．

統計力学で重要なのは物質の温度である．一般に粒子はランダムに運動（熱運動）しており，この粒子の運動エネルギーの総和が熱エネルギーである．熱エネルギーの尺度が温度 T である．密閉容器内の気体の圧力は気体分子が熱運動により容器壁に衝突したときに壁に及ぼす力の総和であり，温度が高いと分子の運動エネルギーが増えるため圧力が上昇するのである．

〔1〕**古典粒子** ■■■

古典粒子とは古典物理学すなわちニュートン力学や電磁気学に従う粒子という意味であり，量子力学を使わなくても十分正しい結果が得られる粒子である．古典粒子の特徴は個々の粒子を区別して名前を付けることができることである．

粒子の集団があり，この集団の中で粒子が状態Xである確率は状態Xの粒子のエネルギー E と，粒子集団の絶対温度 T で決まり，この確率 $f_B(E)$ は

$$f_B(E) = A \exp\left(-\frac{E}{k_B T}\right) \tag{2・3}$$

である．ここで$k_B = 1.380 \times 10^{-23}\,\mathrm{JK^{-1}}$はボルツマン定数である．電子の速度が$\boldsymbol{v} = v_x\mathbf{i} + v_y\mathbf{j} + v_z\mathbf{k}$から$\boldsymbol{v} + d\boldsymbol{v} = (v_x + dv_x)\,\mathbf{i} + (v_y + dv_y)\,\mathbf{j} + (v_z + dv_y)\,\mathbf{k}$の範囲にある確率は，粒子の質量を$m$とすれば

$$f_B(E) = \left(\frac{m}{2\pi k_B T}\right)^{3/2} \exp\left(-\frac{m(v_x^2 + v_y^2 + v_z^2)}{2k_B T}\right) dv_x dv_y dv_z$$

となる．したがって，全粒子数がNのとき，速度が$v \sim v + dv$の範囲の粒子数dnは

$$dn = 4\pi N\left(\frac{m}{2\pi k_B T}\right)^{3/2} \exp\left(-\frac{mv^2}{2k_B T}\right) v^2 dv \qquad (2\cdot4)$$

で与えられる．

〔2〕フェルミ粒子とボーズ粒子 ■■■

　古典粒子は個々の粒子が区別でき，名前を付けることができると考えている．ある準位に電子Ａが存在する状態と電子Ｂが存在する状態は，電子が古典粒子ならば区別できるが，量子力学では電子は互いに区別することができない．したがって，ある状態に電子が存在するかどうかだけが問題になる．粒子が区別できないという条件で，温度Tの粒子の集団についてエネルギーEの状態に電子が存在する確率を$f(E)$とすると，粒子が排他的，すなわち一つの状態には最大1個しか存在できないとすれば

$$f(E) = \frac{1}{\exp\left(\dfrac{E - \mu}{k_B T}\right) + 1} \qquad (2\cdot5)$$

　一つの状態に存在する粒子数には制限がなく，同一状態に何個でも粒子が存在できるとすれば

$$f(E) = \frac{1}{\exp\left(\dfrac{E - \mu}{k_B T}\right) - 1} \qquad (2\cdot6)$$

となる．式(2·5)は**フェルミ–ディラック分布**（または単に**フェルミ分布**），式(2·6)は**ボーズ–アインシュタイン分布**（**ボーズ分布**）と呼ぶ．電子のように半整数のスピンを持つ粒子はパウリの原理に従うためフェルミ分布に従うので**フェルミ粒子**と呼び，整数（0も含む）のスピンを持つフォトン（光子）やフォノン（音子）などはボーズ分布に従うので**ボーズ粒子**と呼ぶ．

　電子では$E = \mu$の位置にエネルギー準位があれば，この準位の占有確率は1/2

である．この μ を E_{F} と書いて**フェルミ準位**と呼ぶ．フェルミ準位は特別なエネルギーの値に付けられた名前であり，名称は準位だが実際にこのエネルギーの準位が常に存在するわけではない．E_{F} の値は総電子数などによって決まる．

$$f(E) = \frac{1}{\exp\left(\dfrac{E - E_{\mathrm{F}}}{k_{\mathrm{B}}T}\right) + 1} \qquad (2 \cdot 7)$$

フォトンでは $E = \mu$ の位置にエネルギー準位があれば，その準位には必ずフォトンが存在することになるので $\mu = 0$ となるようにエネルギーの基準を選ぶ．これを**プランク分布**と呼ぶ．

$$f(E) = \frac{1}{\exp\left(\dfrac{E}{k_{\mathrm{B}}T}\right) - 1} \qquad (2 \cdot 8)$$

フェルミ分布，ボーズ分布ともに，$E - \mu > 3k_{\mathrm{B}}T$ でボルツマン分布と同じ形の関数 $f(E) \propto \exp(-E/k_{\mathrm{B}}T)$ になる．**図2・4**はフェルミ分布が E が大きな領域でボルツマン分布と同じ形のグラフになることを示している．この領域でグラフでは $f \fallingdotseq 0$ であるが，結晶内の電子の密度が $10^{23}\,\mathrm{cm}^{-3}$ と極めて高いため，この図では目に見えない程度の 0 からのずれが重要になる．

また，半導体ではフェルミ分布関数の E_{F} より低エネルギー側の $f \fallingdotseq 1$ の領域での 1 からのずれが重要になる場合も多い．これは

$$1 - f(E) = 1 - \frac{1}{\exp\left(\dfrac{E - E_{\mathrm{F}}}{k_{\mathrm{B}}T}\right) + 1} = \frac{1}{1 + \exp\left(\dfrac{E_{\mathrm{F}} - E}{k_{\mathrm{B}}T}\right)}$$

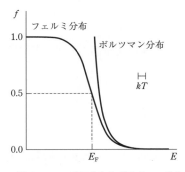

●**図2・4**● フェルミ分布とボルツマン分布

となり，フェルミ分布関数の $(E - E_F)$ を $|E - E_F|$ で置き換えれば同じ形になる．すなわち，E_F より高エネルギー側が電子によって占有される確率は，E_F より低エネルギー側が電子によって占有されていない確率に等しい．

〔3〕状態密度 ■■■

フェルミ分布関数は与えられたエネルギー E の状態が電子によって占有されている確率を表している．このエネルギーを持つ電子が何個あるかを知るためにはエネルギー E には何個の状態があるかを知り，これに $f(E)$ をかける必要がある．

エネルギーが $E_1 \sim E_1 + dE$ の範囲にある単位体積内の電子状態の数 $D(E_1)$ とするとき，関数 $D(E)$ を**エネルギー状態密度関数**または単に**状態密度**と呼ぶ．

1次元結晶内の電子の状態密度を求めてみよう．1次元結晶内の電子状態は k の値を定めれば決まる．式 (2·2) から，k 空間内での電子の状態密度はスピン縮退を考慮して $2(L/2\pi)$ である．したがって，電子のエネルギーを $E = \hbar^2 k^2 / 2m$ とすればエネルギーが E_1 以下の電子数は

$$\int_{\frac{\hbar^2 k^2}{2m} \le E_1} \frac{L}{\pi} dk = \int_{-\sqrt{2mE_1}/\hbar}^{\sqrt{2mE_1}/\hbar} \frac{L}{\pi} dk$$

$$= \frac{2L\sqrt{2mE_1}}{\pi\hbar}$$

一方，エネルギーが E_1 以下の電子数は，$E < 0$ では $D(E) = 0$ であることを用いて

$$\int_{E \le E_1} D(E) dE = \int_0^{E_1} D(E) dE$$

とも書けるので，これらは等しい．二つの式を E_1 で微分することにより

$$D(E_1) = \frac{2L}{h} \sqrt{\frac{2m}{E_1}}$$

が得られる．$L = 1$ とおけば，1次元結晶内の単位長さ当たりの状態密度は

$$D_1(E) = \frac{2}{h} \sqrt{\frac{2m}{E}} \tag{2·9}$$

となる．D の添字 1 は 1 次元結晶であることを示している．このような状態密度は量子細線などで現れる．

2次元に拡張するには，x 方向，y 方向ともに同じ議論を繰り返せばよく，2次元結晶内電子の単位面積当たりの状態密度は

$$D_2(E) = \frac{4\pi m}{h^2} \tag{2・10}$$

となる．この形は量子井戸構造などで現れる．

3次元結晶でも同様で，単位体積当たりの状態密度は

$$D_3(E) = \frac{8\sqrt{2}\pi}{h^3}(m)^{3/2}\sqrt{E} \tag{2・11}$$

となる．一般の3次元結晶ではこの形になる．

●3● 電流がどのように運ばれるかを学ぼう

〔1〕金属と絶縁体 ■■■

結晶内の電子のエネルギーはエネルギー帯と禁制帯に分かれている．複数のエネルギー帯が重なって一つのエネルギー帯のように見える場合もある．電子は低エネルギーの状態から収容されていき，一つのエネルギー帯に収容できる電子数は決まっており，物質内の電子数も決まっているので，最も高エネルギーな電子が収容されているエネルギー帯は，完全に電子で占有されているか一部分のみ電子で占有されているかいずれかである．完全に電子で占有されていれば，この物質に外部電界を印加しても，電子はこれ以上のエネルギーを持つには禁制帯に入らなければならないのでエネルギー（運動エネルギー）を増加させることができない．したがって，このような物質は絶縁体である．

一部だけ電子で占有されているエネルギー帯を持つ物質では，外部電界の印加により各電子は運動エネルギーを得ようとする．比較的低エネルギーの電子はより高エネルギー状態がすでに他の電子によって占有されているため運動エネルギーを増加させることができないが，最も高エネルギーな電子はその上にも空の許容状態があるのでその空の準位に遷移して運動エネルギーを増加させることができる．すなわち電流が流れる．このような電気の良導体を**金属**と呼ぶ．金属内の電子はフェルミ分布に従い，0Kでは電子の最高エネルギーはフェルミ準位に等しく，これを**フェルミエネルギー**と呼ぶ．有限温度ではフェルミ準位の位置はわずかに変化するが，ほとんどフェルミエネルギーに等しい．電子エネルギーEはk_x, k_y, k_zの関数であり，$E = E_F$はk空間内の曲面を表す．この曲面をフェルミ面と呼ぶ．金属には多数の電子が存在するが，電気伝導に寄与するのはフェルミ面付近の電子だけである．

　電気伝導の様子を模式的に**図2・5**に示す．横軸は空間座標，縦軸は電子エネルギーである．結晶の両端に電極を付け，電圧 V を印加すると＋電極側の電子エネルギーは－電極側の電子エネルギーに比べて eV だけ低下する．バンドの底から測ったエネルギーが電子の運動エネルギーであり，金属ではフェルミ準位のエネルギー（各位置での最高エネルギー）を持つ電子は＋電極側に移動すると同時に運動エネルギーを得る．図2・5 (b) では矢印が1本だけ描いてあるが，フェルミ準位のエネルギーを持つ電子はすべて移動して電流に寄与する．矢印が水平に描かれているのは，エネルギー保存則により位置エネルギーと運動エネルギーの和が一定であることを示している．現実には電子は格子との衝突などにより移動中にエネルギーを失い，エネルギー帯の坂に沿って滑り落ちるような形で低エネルギー側に移動する．

（a）絶縁体.電子が完全に　（b）金属.電子により一部が占
　　　詰まったエネルギー帯　　　　有されたエネルギー帯

● **図2・5** ● 電圧印加時の絶縁体と金属のエネルギー帯

〔2〕半導体内の自由電子と正孔 ■■■

　絶縁体では最外殻電子が一つのエネルギー帯を占有し尽くしている．このエネルギー帯が価電子帯である．その上のエネルギー帯は完全に空である．**図2・6**に示すように E_g が小さいと高温では電子が熱エネルギーによってその上のエネルギー帯に励起される．励起された電子はほとんど空のエネルギー帯に存在するので，外部電圧の印加により容易に運動エネルギーを得ることができ，電気伝導に寄与するので，このエネルギー帯を**伝導帯**と呼ぶ．伝導帯内の電子は自由に動き回ることができるので自由電子と呼ぶこともある．

　伝導帯に自由電子が励起されると，価電子帯には空のエネルギー準位が自由電子の数だけ残り，価電子帯内の電子も移動可能になる．これは水が詰まったパイプを傾けても水の流れはないが，水を少し減らして気泡をパイプ内に入れてやり，パイプを傾けると気泡が傾斜に沿って上昇することに対応している．実際は気泡の上の水が重力で下に移動するのだが，気泡が上昇すると見るほうが自然である．

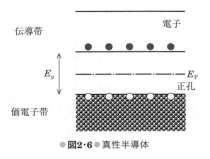

●図2·6● 真性半導体

価電子帯内の電子についても同様で，両端に電圧を印加してエネルギー帯を傾けてやると電子の抜けた孔が高エネルギー側すなわち－電極側に移動していくように見える．価電子帯の多数の電子を取り扱うより，数の少ない孔を取り扱うほうが容易なのでこの孔に**正孔（ホール）**と名付けた．すなわち，E_g が小さい絶縁体では熱励起により電子・正孔対が発生して電気伝導に寄与する．電気伝導に寄与する粒子を**キャリヤ**と呼ぶが，このような材料のキャリヤ数（自由電子数＋正孔数）は金属に比べてはるかに少なく，導電率は金属と絶縁体の中間になるのでこのような材料を半導体と呼ぶ．半導体ではキャリヤ数がフェルミ分布関数で決まるので温度依存性が極めて大きい．したがって，半導体の特徴の一つが導電率の温度依存性が極めて大きいことである．

　典型的な半導体材料は14族の Si である．Si は最外殻に4個の電子を持ち，これらを使って隣接する Si 原子と共有結合を形成している．温度を上昇させるとこの共有結合から電子が外れ，**図2·7**(a)に示すように自由に動き回るようになり，自由電子と同数の正孔が発生する．このような半導体を**真性半導体**と呼ぶ．

　図2·7 (b) のように Si に B のような13族の不純物を添加すると Si 位置に入ったBは隣接する Si と共有結合しようとするが，最外殻には3個の電子しかないので1個正孔が残る．Bが他の Si から電子を奪えば，正孔は電子を奪われた Si の位置に移動し，BはB⁻イオンになる．このように電子を結晶内の他の場所から奪ってくる不純物を**アクセプタ**と呼ぶ．アクセプタを添加した半導体はアクセプタ数と等しい数の正孔をキャリヤとして持つ．キャリヤが正の電荷（positive な電荷）を持つことからこのような半導体を**p形半導体**と呼ぶ．

　図2·7 (c) のように Si に P のような最外殻に5個の電子を持つ15族の不純物を添加すると隣接原子間に共有結合を完成させても電子が1個余るのでこれが自由

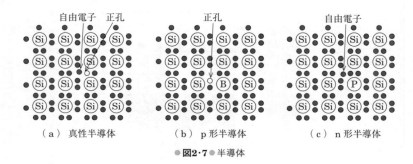

●図2・7● 半導体

電子となる．この電子が結晶内の他の場所に移動すればPはP^+イオンになる．結晶に自由電子を供給するこのような不純物を**ドナー**と呼ぶ．ドナーを添加した半導体はドナー数と等しい数の自由電子をキャリヤとして持つ．キャリヤが負の電荷(negativeな電荷)を持つことからこのような半導体を**n形半導体**と呼ぶ．

　半導体内のキャリヤ数はアクセプタやドナー不純物の数で決まるので半導体の導電率は不純物の密度に極めて敏感である．これが，超LSIに用いられるSiで99.999999999 (eleven 9s)％という高純度が必要とされる理由である．

　なお，2.1節〔1〕項の議論から伝導帯端はp関数，価電子帯端はs関数のように思うかも知れないが，正確に計算するとSiやGeなど多くの半導体で伝導帯端はs関数，価電子帯端はp関数に近い．

〔3〕 電子と正孔の外力による加速 ■■■

　伝導帯の底のエネルギーをE_c，価電子帯の頂上のエネルギーをE_vとする．電子エネルギー$E(k)$の極小値がE_cであるから$dE/dk = 0$，$d^2E/dk^2 > 0$である．したがって，伝導帯端付近では，伝導帯端のk（Eの極小値を与えるk）をk_0とすれば$(k - k_0)$の高次の項を省略して$E = E_c + A(k - k_0)^2$と書くことができる．通常，k_0をkの原点に取り直し，$A = \hbar^2/2m^*$とおいて

$$E = E_c + \frac{\hbar^2 k^2}{2m^*} \tag{2・12}$$

と書かれる．x方向，y方向，z方向について同じ議論を繰り返すと3次元結晶の場合でも式(2・12)が成り立つ．ただし，この場合のkはベクトル$\boldsymbol{k}$の大きさである．

　$\hbar k$は電子の運動量であり，$\hbar^2 k^2/2m^*$は運動エネルギーを表すのでm^*は質量に相当する．ただし，これは$\boldsymbol{k}$空間でのエネルギー帯の極小値付近の様子を便宜的

にこのような形で表したものであり，真空中に存在する自由電子の質量とは異なる．しかし，外力による電子の加速に際しては質量と同じ効果を示すのでこのm^*を有効質量と呼ぶ．価電子帯でも同様に有効質量を定義することができるが，伝導帯の有効質量と値は異なる．伝導帯の有効質量を表す場合にconduction bandやelectronを意味する添え字を付けてm_cやm_eという表現もよく用いられる．

　価電子帯でも同様な議論を繰り返せば，ここでは極大であることからd^2E/dk^2＜0であることに注意して

$$E = E_v - \frac{\hbar^2 k^2}{2m^*} \qquad (2\cdot13)$$

となる．したがって，価電子帯の電子の有効質量は負である．価電子帯内の正孔を取り扱うことにすれば，電子と逆方向に走るので有効質量は電子の有効質量の符号を変えたものになる．すなわち，正孔は正電荷を持ち，正の有効質量を持つ．正孔の有効質量を伝導帯電子の有効質量と区別するためにvalence bandやholeを意味する添え字をつけてm_vやm_hという表現がよく用いられる．

　電子・正孔ともに力$\boldsymbol{F}$と加速度$\boldsymbol{a}$の関係は

$$\boldsymbol{F} = m^*\boldsymbol{a} \qquad (2\cdot14)$$

であるとしてよい．ただしm^*はそれぞれの有効質量である．

ま　と　め

- 結晶内電子のエネルギーはバンド構造になる.
- 古典粒子のエネルギー分布はボルツマン分布になる.
- パウリの排他律に従う量子はフェルミ分布に従い, パウリの排他律に従わない量子はボーズ分布に従う.
- 3辺が L_x, L_y, L_z の結晶内の電子の k 空間内の状態密度は $2L_x L_y L_z / (2\pi)^3$ である.
- 結晶の単位体積当たりの電子のエネルギー状態密度は $D_3(E) = \dfrac{8\sqrt{2}\pi}{h^3}(m)^{3/2}\sqrt{E}$ である.

- 完全に電子で占有されたエネルギー帯と完全に空のエネルギー帯だけしかない結晶は絶縁体であり, 一部が電子で占有されたエネルギー帯を持つ結晶は金属である.
- 金属ではフェルミ面付近の電子が電気伝導に寄与する.
- 禁制帯幅 E_g が小さい絶縁体が半導体である.
- 半導体には電子と正孔の数が等しい真性半導体, 電子数が多い n 形半導体, 正孔数が多い p 形半導体がある.
- 電子や正孔は結晶の周期ポテンシャルの影響を考慮した有効質量を用いることにより, 真空中の電子と同じ運動方程式に従う.

演 習 問 題

問1　式(2·3)から出発して, 式(2·4)を導出せよ.

問2　温度 T の古典粒子集団について, 粒子1個当たりの平均運動エネルギーを求めよ.

問3　2次元電子のエネルギー状態密度を表す式(2·10)を導出せよ.

問4　3次元電子のエネルギー状態密度を表す式(2·11)を導出せよ.

3章

半導体材料の性質

　コンピュータや各種電子回路などに使われるIC（集積回路），電動車輌や各種電力制御装置に使われるサイリスタ，GTO，IGBTなどはすべて半導体材料を用いて実現されている．太陽光から電気エネルギーを得る太陽電池も半導体材料により実現されている．LED（発光ダイオード）は半導体材料で実現され，各種表示装置・電子機器の発光インジケータ・信号機・照明など広く暮らしの中に浸透している．接合形トランジスタが発明されてからまだ半世紀ほどであるが，半導体は今やあらゆる分野で利用されている．本章では，半導体材料とはどのようなもので，どのような性質を持っており，どのような電気伝導特性であるかについて明らかにする．

●1● 半導体材料とはどのようなものか

〔1〕 半導体 ■■■

　半導体（semiconductor）は，集積回路，トランジスタ，サイリスタ，IGBT，LED，太陽電池など，我々の身近にあり，電力制御，モータ制御，発電，コンピュータなどの情報処理，発光表示装置，照明などあらゆる分野で用いられており，現代文明を支える貴重な材料である．

　半導体は，電気抵抗率が10^{-4}〜$10^{6}\,\Omega\cdot\mathrm{m}$であり，ちょうど金属と絶縁体の中間にあるので半導体と呼ばれる．しかし，金属では温度が上昇すると，電子と結晶格子との散乱が激しくなり電気抵抗が増大するのに対して，半導体では温度が上昇すると，キャリヤ密度が増加し電気抵抗が減少するという大きな違いがある．この特徴は，エネルギーバンド構造の違いによって説明することができる．半導体では，結晶性・不純物添加量・温度などが変わるとキャリヤ密度が劇的に変わる．一般的に半導体の諸特性は温度や不純物に敏感であるといえる．

〔2〕 半導体材料の種類 ■■■

　主な半導体材料の種類を**表3・1**に示す．化学組成からは，14族元素からなるSiなどの元素半導体と13族と15族の元素あるいは，12族と16族の元素からな

●**表3・1**● 代表的な半導体の物性定数(300K)

	禁制帯幅 E_g 〔eV〕	比誘電率	比有効質量		移動度 〔m²/Vs〕	
			電子	ホール	電子	ホール
Si	1.12　(間接遷移型)	12	0.33	0.55	0.14	0.05
GaAs	1.42　(直接遷移型)	13	0.07	0.47	0.85	0.04
GaN	3.39　(直接遷移型)	10.4	0.2	0.54	0.12	0.04

るGaAs，GaN，ZnSeなどの化合物半導体に分けられる．また，Siのような元素半導体はダイヤモンド構造，GaAs，ZnSeなどの化合物半導体は閃亜鉛鉱構造，GaNなどは六方最密構造の結晶構造となる．どの結晶構造であっても，最外殻の電子はsp^3混成軌道を形成し，主に共有結合により原子は互いに正四面体配位する．理想的な半導体では，絶対零度で結合軌道(価電子帯)は電子で完全に満たされ，反結合軌道(伝導帯)には電子が存在しない．価電子帯と伝導帯の間には，電子が存在できないエネルギー帯(禁制帯：エネルギーバンドギャップ)といわれる領域があり，理想的半導体は，低温では絶縁体と見なすことができる．禁止帯幅は，InSbの0.17eVなどの狭い材料から，ZnSの3.6eVなどの広い材料までさまざまである．GaNとInNから作られる$In_xGa_{1-x}N$のような混晶半導体では，禁止帯幅はそれぞれの材料の混合比で制御できるので，直接遷移形半導体材料を混晶にすれば，LEDや光通信用レーザダイオードなどの発光波長を自由に設計することが可能になる．

●**2**● 半導体はどのような電気伝導現象を示すか

〔1〕真性半導体と不純物半導体 ■ ■ ■

半導体材料の純度を充分高くし，不純物や格子欠陥などを含まない場合，**真性半導体**(intrinsic semiconductor)と呼ばれる．真性半導体では，価電子帯からわずかな電子が伝導体に熱的に励起され，価電子帯には電子の抜けた正孔が伝導帯には正孔と同数の自由電子が生成される．したがって，熱平衡状態における電子密度nと正孔密度pは等しく，n_iで表せば

$$n_i = n = p = \sqrt{N_C N_V} \exp\left(-\frac{E_g}{2k_B T}\right) \qquad (3・1)$$

で与えられる．N_CおよびN_Vは，それぞれ伝導帯と価電子帯の実効状態密で次式で与えられる．

$$N_C = 2 \left(\frac{2\pi m_e^* k_{\mathrm{B}} T}{h^2} \right)^{\frac{3}{2}} \tag{3・2}$$

$$N_V = 2 \left(\frac{2\pi m_h^* k_{\mathrm{B}} T}{h^2} \right)^{\frac{3}{2}} \tag{3・3}$$

ここで，hは**プランク定数**，m_e^*およびm_h^*はそれぞれ電子と正孔の**有効質量**，E_gは**禁制帯幅**である．また，フェルミ準位E_{F}は，**図3・1** (a) に示すように禁制帯のほぼ中央にある．

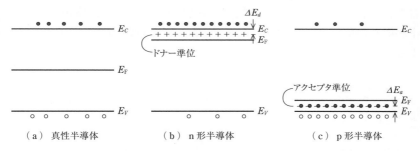

（a）真性半導体　　　　（b）n形半導体　　　　（c）p形半導体

◉**図3・1**◉不純物と真性，n形，p形半導体のエネルギー帯の関係

次にドナー（donor）原子またはアクセプタ（acceptor）原子を含む**不純物半導体**（impurity semiconductor）について考える．いま，Siに15族原子，例えばPを添加すると，Si原子の一部がP原子に置き換えられる．14族のSiに対し15族のPでは価電子が1個過剰で，まわりのSiと結合しない電子1個は，P原子に束縛されており，ちょうど水素原子と同様に考えることができる．ただし，半導体中では，誘電率は真空の誘電率ではなく半導体の誘電率となり，電子の質量は，半導体中の有効質量を用いなければならない．したがって，束縛エネルギーΔE_dは，m_0を真空中の電子質量として

$$\Delta E_d = 13.6 \frac{m_e^*/m_o}{\varepsilon_r^2} \text{〔eV〕} \tag{3・4}$$

ただし，m_e^*は電子の有効質量，ε_rは半導体の比誘電率である．ΔE_dの値は，0.02～0.05 eVとなり，図3・1 (b) に示すように，ドナー準位は伝導帯よりΔE_dだけ下にできる．

ドナー準位の電子は，イオン化エネルギーが小さいために室温では容易に伝導帯に励起され，自由電子として振る舞う．Si中のPのような15族の原子はキャ

リヤとしての電子を与えることができるので**ドナー**と呼ばれる．ドナー不純物を含む半導体では負電荷を持つ伝導帯の自由電子が電気伝導に寄与するので，**n形半導体**と呼ばれる．

　Si 中に B のような 13 族原子を入れると，Si 原子と結合する価電子が 1 個不足し，価電子帯から電子を 1 個受け入れると，B は負に帯電し価電子帯に正孔を生成する．Si 中の B のような 13 族の原子は電子を受け入れるので**アクセプタ**と呼ばれ，図 3·1 (c) のように，価電子帯のすぐ上にアクセプタ準位を形成する．アクセプタを含む半導体は，正電荷の正孔が電気伝導に寄与するので**p形半導体**と呼ばれる．

　半導体中の電子密度 n および正孔密度 p は，伝導形に関係なくフェルミ準位 E_F によって

$$n = N_C \exp\left(-\frac{E_C - E_F}{k_B T}\right) \tag{3·5}$$

および

$$p = N_V \exp\left(-\frac{E_V - E_F}{k_B T}\right) \tag{3·6}$$

で与えられる．したがって

$$np = n_i^2 = N_C N_V \exp\left(-\frac{E_g}{k_B T}\right) \tag{3·7}$$

となる．真性半導体でも不純物半導体でも熱平衡下における np 積は n_i^2 に等しく，**質量作用の法則**（law of mass action）という．

〔2〕**電気伝導** ■ ■ ■

　半導体におけるキャリヤの運動は，電界などによりキャリヤに直接作用する力やキャリヤの密度勾配による拡散現象により引き起こされる．キャリヤは力を受けて速度を増し，散乱により速度を減少する．減少の大きさは緩和時間 τ で特徴づけられ，素電子を e，力が電界 $\boldsymbol{E}$ で与えられるときには，キャリヤの有効質量を m，速度を $\boldsymbol{v}$ として，次の運動方程式が成り立つ．

$$m\frac{d\boldsymbol{v}}{dt} = e\boldsymbol{E} - \frac{m\boldsymbol{v}}{\tau} \tag{3·8}$$

　電界印加直後にキャリヤは速度が飽和し定常状態となる．定常状態におけるキャリヤの速度（ドリフト速度）$\boldsymbol{v}_0$ は次式で与えられ，半導体中でのキャリヤの移動速度を与える．

$$\boldsymbol{v}_0 = \mu\boldsymbol{E} \tag{3・9}$$

電界とドリフト速度の比例係数 μ は移動度である.

$$\mu = \frac{e\tau}{m} \tag{3・10}$$

キャリヤの流れの密度 $\boldsymbol{v}$ は,次式に示すようにキャリヤに直接作用する力によるドリフト項と密度勾配による拡散項で与えられる.

$$\boldsymbol{v} = n\boldsymbol{v}_0 - D\nabla n \tag{3・11}$$

ここで,移動度 μ と拡散係数 D の間には次に示すアインシュタインの関係がある.

$$D = \frac{\mu k_{\mathrm{B}}T}{e} \tag{3・12}$$

電界 $\boldsymbol{E}$ の作用下での,電流密度 $\boldsymbol{j}$ は,式(3・11)を参考にして,次式で与えられる.

$$\boldsymbol{j} = e\boldsymbol{v} = en\boldsymbol{v}_0 - eD\nabla n = \sigma\boldsymbol{E} - eD\nabla n \tag{3・13}$$

$$\sigma = en\mu \tag{3・14}$$

式(3・13)の第一項はオーム性の電流に相当する.**移動度 μ** は,半導体材料の電気伝導を特徴づける重要な物性量である.有効質量が小さく緩和時間が大きいと移動度は大きい.複数の種類のキャリヤがあるときには,電気伝導はそれぞれのキャリヤの電気伝導で与えられる.キャリヤを添え字 i で特徴づければ,導電率 σ は,以下の式で与えられる.

$$\sigma = \sum_i \sigma_i = \sum_i en_i\mu_i \tag{3・15}$$

移動度は,電界が印加されたとき,キャリヤがどれだけの速さで移動できるかを表し,式(3・10)から緩和時間に比例することがわかる.緩和時間は,結晶中でキャリヤの散乱が多くなるほど短くなる.キャリヤの散乱は,結晶の理想的周期ポテンシャルからのずれにより引き起こされる.格子原子の熱振動(フォノン),イオン化した不純物原子,格子欠陥(理想的位置からずれて存在する原子,格子原子の欠損など)などのさまざまな要素が散乱を引き起こす.それぞれの散乱は異なる性質を持っており,i で指標づけられた散乱機構による単位時間当たりの散乱頻度を f_i とすれば,実質的な緩和時間 τ は

$$\frac{1}{\tau} = \sum_i f_i \tag{3・16}$$

で与えられる．電気伝導に大きく影響を及ぼす散乱現象としては，$T^{\frac{3}{2}}$の温度依存性を持つ音響フォノンに起因する**フォノン散乱**と，$T^{-\frac{3}{2}}$の温度依存性を持つ**イオン化不純物散乱**，GaAs などの極性半導体で大きく影響する $T^{\frac{1}{2}}\exp\left(-\dfrac{\hbar\omega_q}{k_BT}\right)$ の依存性を持つ**光学フォノン散乱**がある．ここで $\hbar\omega_q$ は，光学フォノンのエネルギーを表す．緩和時間は，温度が上昇するとフォノン散乱により小さくなり，温度が低下するとイオン化不純物散乱により小さくなる．

〔3〕少数キャリヤの振る舞い ■■■

すでに述べたように，半導体中のキャリヤには電子と正孔がある．密度の大きい方を**多数キャリヤ**（majority carrier）と呼び，少ない方を**少数キャリヤ**（minority carrier）と呼ぶ．n 形半導体では，$n>p$ であり，電子が多数キャリヤ，正孔が少数キャリヤとなる．pn 接合を利用した LED や太陽電池，バイポーラトランジスタなどの動作には，少数キャリヤが重要な役割を果たす．そこで，少数キャリヤの拡散（diffusion）と寿命（lifetime）について述べる．

熱平衡での少数キャリヤ密度は，一般に極めて少ないので，電流注入や光照射により容易に熱平衡状態のキャリヤ密度に比べて桁違いに過剰なキャリヤを生成することが可能である．アクセプタ密度 N_A の p 形半導体において，熱平衡状態における伝導帯電子密度を n_0，ホール密度を p_0 とすると，非平衡キャリヤ密度を δn として，伝導帯電子密度 n とホール密度 p に対して，γ を定数として以下の関係が成立する．

$$n(t)=n_0+\delta n \tag{3・17}$$

$$p(t)=p_0+\delta n \approx p_0 \approx N_A \tag{3・18}$$

$$\frac{dn}{dt}=-\gamma np=-\gamma nN_A \tag{3・19}$$

熱平衡状態における伝導帯電子密度が n_0 であることを考慮すれば，式（3・19）から，伝導帯電子密度 n は，次式に従って減衰する．

$$n(t)=(n(0)-n_0)\exp\left(-\frac{t}{\tau_l}\right)+n_0 \tag{3・20}$$

$$\tau_l=\frac{1}{\gamma N_A} \tag{3・21}$$

τ_l は，**キャリヤ寿命**といわれ，バイポーラ素子の動作速度にかかわる物性量で，

直接遷移形半導体では発光再結合における非平衡キャリヤの減衰を特徴づける時間である.

発光再結合に限らず, 独立した事象として起こる脱励起過程が複数あるときには, それぞれの脱励起過程が非平衡キャリヤを減少させるために, 対応する過程のキャリヤ寿命を τ_i とおけば, 以下の関係が成立する.

$$\frac{dn}{dt} = -\sum_i \frac{1}{\tau_i} n \tag{3・22}$$

全体としてのキャリヤ寿命 τ_L と, キャリヤ密度 n の関係は次式で与えられる.

$$\frac{1}{\tau_L} = \sum_i \frac{1}{\tau_i} \tag{3・23}$$

$$n(t) = (n(0) - n_0) \exp\left(-\frac{t}{\tau_L}\right) + n_0 \tag{3・24}$$

非平衡キャリヤの寿命は, もっとも短い寿命を与える過程で決められる. 直接遷移形半導体であっても, 欠陥の多い結晶では非発光遷移による寿命が短いために, 発光効率は悪くなる. キャリヤ寿命の長い間接遷移形半導体では, 意図的に欠陥などを導入して, キャリヤ寿命を短くする場合がある.

非平衡キャリヤに関する生成・消滅を考慮すると半導体中ではキャリヤ数は保存しない. 非平衡キャリヤの単位時間当たりの供給密度を g とおけば, 非平衡キャリヤの減衰を考慮して, キャリヤ密度と単位体積当たりのキャリヤの流れ $\boldsymbol{v}$ には,

$$\nabla \cdot \boldsymbol{v} + \frac{\partial n}{\partial t} = g - \frac{n - n_0}{\tau_L} \tag{3・25}$$

の関係がある.

キャリヤ生成下の定常状態におけるキャリヤ密度 n_{eq} は, 式 (3・25) で左辺の時間に関する偏微分を 0 とおいて, 次式で与えられる.

$$\nabla \cdot \boldsymbol{v} = g - \frac{n_{eq} - n_0}{\tau_L} \tag{3・26}$$

光照射によるキャリヤ分布が一様で, キャリヤの流れがないときには, $\nabla \cdot v = 0$ であるから, 光照射下のキャリヤ密度は次式で与えられる.

$$n_{eq} = n_0 + g\tau_L \tag{3・27}$$

熱平衡状態に比べて, $g\tau_L$ だけキャリヤ密度が増加する. Si のような間接遷移形半導体では, 直接的に光子を放出する発光再結合がないためにキャリヤ寿命は

極めて長い．キャリヤ寿命を $1\,\mu\mathrm{s}$，単位時間・面積当たりの照射光子数を $1\times$ $10^{21}/\mathrm{m}^2\cdot\mathrm{s}$，吸収係数を $1\,\mu\mathrm{m}^{-1}$，1光子当たりのキャリヤの生成率を0.5とすれば，キャリヤ密度の増加分は，$5\times10^{20}\,\mathrm{m}^{-3}$ となり，真性半導体の熱平衡におけるキャリヤ密度に比べて遙かに大きくなる．電気伝導度は，キャリヤ密度に比例するために，光照射下では光照射しない場合と比べて，電気伝導度が桁違いに著しく増加することがわかる．pn接合などの空乏層で光が吸収されると，非平衡キャリヤの電子とホールは内部電界によって空間的に逆方向に移動して分離し，外部には光起電圧が発生する．太陽電池は，光起電圧で外部回路を動作させる．GaAsやGaNのように直接的に光子を放出する直接遷移形半導体では，キャリヤ寿命は短い．発光遷移にともなうキャリヤの寿命は $10\,\mathrm{ps}$ 程度で，間接遷移形半導体のキャリヤ寿命に比べて桁違いに短い．直接遷移形半導体は高効率で光子を放出する．

　少数キャリヤに濃度勾配があるときは，濃度の高い方から低い方に向かってキャリヤの移動が生じる．キャリヤ生成のない定常状態下で電界が存在しない場合には，$E=0$ とおいた式 (3・13) を式 (3・25) に代入して，**拡散長** (diffusion length) $L_n=\sqrt{D\tau_L}$ を用いれば，キャリヤ密度は次式にしたがって**図3・2**に示すように指数関数的に減衰する．

$$n(x)=\left(n(0)-n_0\right)\exp\left(-\frac{x}{L_n}\right)+n_0 \tag{3・28}$$

　過剰な非平衡キャリヤは，濃度の低い方へ移動しながら，熱平衡状態に戻ろうとする．4章1節〔2〕項で述べるpn接合では，順方向電流により定常的な過剰少数キャリヤの注入が可能になる．直接遷移形半導体では，過剰キャリヤはバンド

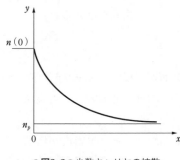

●**図3・2**● 少数キャリヤの拡散

ギャップエネルギーに相当する光子を高効率で放出して再結合する.

■■ ホール効果による物性量の評価 ■■

　半導体中のキャリヤ密度とキャリヤの種類や移動度を決めるのにホール効果（Hall effect）が用いられる.**図3・3**（a）に示すように,n形半導体に電流I_xを流し,磁束密度B_Zの磁場を印加すると,電子はローレンツ力により,$-evB_Z$なる力を受け,電子の進行方向は図に示す方向に曲げられ,y方向にホール電圧V_yが発生する.

$$V_y = -\frac{1}{en}\frac{I_x B_Z}{b} = R_H \frac{I_x B_Z}{b} \tag{3・29}$$

となる.ここで,R_Hは,ホール係数と呼ばれ,キャリヤ密度nとは,以下の関係がある.

$$R_H = -\frac{1}{en} \tag{3・30}$$

図3・3（b）のp形半導体の場合には,キャリヤ密度をpとすると

$$R_H = \frac{1}{ep} \tag{3・31}$$

で与えられ,n形とp形では,ホール係数の符号が異なる.すなわち,ホール電圧の向きが逆になり,ホール効果を測定することにより伝導形とキャリヤ密度を決定することができる.

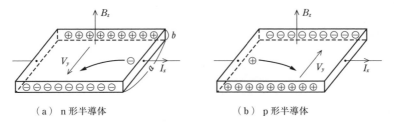

（a）n形半導体　　　　　　　（b）p形半導体

●**図3・3**● ホール効果

ま　と　め

- 真性半導体では，キャリヤとしての電子とホールの密度は等しく熱平衡では温度に対して急激に増加する．
- 不純物半導体では，室温近傍での電子あるいはホールのどちらかの密度を不純物添加量とほぼ等しくすることができる．熱平衡状態での電子とホールの密度の積は密度によらず一定で，不純物添加により一方のキャリヤ密度は著しく小さく少数キャリヤといわれる．
- 空間的にキャリヤの密度変化があると拡散と再結合によりキャリヤは移動・減少し，熱平衡状態となる．電界を印加するとキャリヤは結晶格子などとの衝突により散乱しながら移動し，オーム性の電流が流れる．
- 光照射などで，少数キャリヤ密度より充分に多いキャリヤを半導体中に生成すると熱平衡状態に回復するために過剰なキャリヤは再結合して指数関数的に減少する．光照射により生じる過剰キャリヤは，光起電力効果や光伝導度変化などを引き起こす．

演 習 問 題

問1　エネルギーバンドギャップが$1\,\mathrm{eV}$の半導体の$100\,\mathrm{K}, 300\,\mathrm{K}, 500\,\mathrm{K}$における電子濃度を求めよ．ただし，電子とホールの有効質量は，$9.1 \times 10^{-31}\,\mathrm{kg}$とする．

4章

半導体材料のデバイス応用

前章で述べたように半導体中のキャリヤには，多数キャリヤと少数キャリヤがあり，それぞれに特徴的な振る舞いを利用して素子が実現されている．前者は，チャネル断面積やキャリヤ密度を変えることで電気伝導度の変化をもたらす．後者は，非平衡キャリヤの性質を活かすことにより，光の吸収・放出，再結合，拡散現象などの特徴的現象を制御して素子が実現されている．

本章では，前章で述べた半導体材料中のキャリヤの振る舞いを利用した主要な半導体素子について，構造・動作原理・特性について述べる．

●1● 整流作用を考えよう

〔1〕半導体−金属接合 ■■■

半導体と金属の接合は，ショットキーダイオード（Schottky diode）として整流性を示したり，またダイオードやトランジスタのオーム性電極として用いられている．はじめに，ショットキーダイオードについて考える．**図4·1**に金属とn形半導体接合のエネルギー帯図を示す．ここでE_Fはフェルミエネルギー，ϕ_Mおよびϕ_Sはそれぞれ金属と半導体の仕事関数，χ_Sは半導体の電子親和力である．金属と半導体を接合させると金属と半導体のフェルミ準位が一致するように電荷

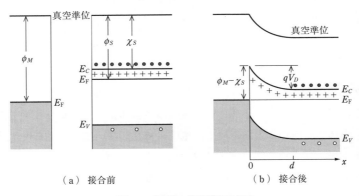

（a）接合前 　　　（b）接合後

●**図4·1**●金属とn形半導体の接合

の移動が起こる.

$\phi_M > \phi_S$ とすると,接合されて金属側に電荷が移動した熱平衡状態では,空間的エネルギー分布は,図4・1 (b) のようになる.半導体中には,$x = 0$ から $x = d$ まで自由電子は存在せず,正にイオン化したドナー原子のみが存在する.この領域を**空乏層**(depletion layer)と呼ぶ.この空乏化した空間電荷領域では金属側に移動した電子との間に電界が生じ,V_D なる**拡散電位**(diffusion potential)を生じる.この大きさは,$\phi_M - \phi_S$ に等しい.また,$\phi_M - \chi_S$ を**ショットキー障壁**(Schottky barrier)の高さと呼ぶ.金属側が正に,半導体側が負になるように接合に電圧 V を印加すると,**図4・2** (a) に示すように電子に対する金属側の障壁高さは変化しないが,電子に対する半導体中の障壁は eV_D から,$e(V_D - V)$ となり,eV だけ低くなる.その結果,正味の電流は半導体側から金属側へ流れ,接合における電流密度 J は

$$J = J_S\left(\exp\left(\frac{eV}{k_B T}\right) - 1\right) \tag{4・1}$$

と表される.ここで,J_S は,飽和電流密度である.電流は電圧に対して指数関数的に増加する.この電圧の向きを**順方向**と呼ぶ.

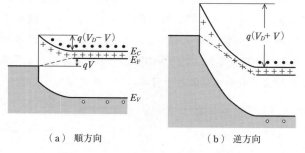

（a）順方向　　　　　　　　（b）逆方向

●**図4・2**●ショットキーダイオードの整流作用

図4・2 (b) に示すように,接合に逆方向に電圧を印加した場合には,金属側の障壁高さは変化しないが,半導体側の障壁高さは非常に大きくなり電子流は金属側から半導体側に向かう方向だけで,電圧に依存しない飽和電流密度 J_S となる.

ショットキー接合は多数キャリヤのみで電圧−電流特性が決まるので,pn接合に比べて応答速度が速い.そのため,点接触形やボンド形にしてマイクロ波などの高周波の検波やミキサとして用いられる.

$\phi_M < \phi_S$とすると，金属とn形半導体の間には電子に対する障壁がなくなり，整流性が失われる．この場合，金属 – 半導体接合は**オーミック**（ohmic）であるという．オーミック電極は，ダイオードやトランジスタなどの電極として重要である．$\phi_M < \phi_S$の場合には，半導体に多量の不純物を添加することによりショットキー障壁の空乏層厚さを薄くして，キャリヤをトンネル効果や不純物帯伝導で移動させる手法も用いられる．

〔2〕 pn接合 ■ ■ ■

p形半導体とn形半導体を接合すると両者のフェルミ準位が一致するように，正孔がp形からn形へ，電子がn形からp形へ移動する．熱平衡状態でのエネルギー帯図は，**図4・3**(a)のようになる．pn接合界面には，正に帯電したドナーと負に帯電したアクセプタよりなる空乏層が形成されて電界が存在し，**拡散電位**（diffusion potential）V_Dが生じる．

p形を正にn形を負になるように電圧Vを印加すると，空乏層に生じた拡散電位による障壁は，$e(V_D - V)$となり，図4・3(b)のようにeVだけ低くなる．したがって，電子および正孔は，それぞれ障壁を越えて，p形およびn形領域へと拡散する．この方向を**順方向**と呼ぶ．

障壁が，eVだけ低くなるので，p形半導体の空乏層の端$x = x_p$での電子密度は，p形の熱平衡電子密度をn_Pとして

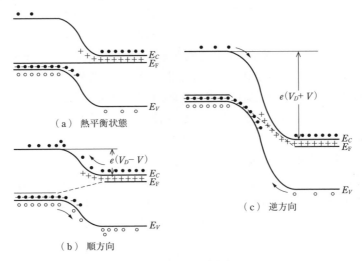

（a）熱平衡状態

（b）順方向

（c）逆方向

●**図4・3**● pn接合の整流作用

$$n(x_P) = n_P \exp\left(\frac{eV}{k_\mathrm{B}T}\right) \tag{4・2}$$

となる．式 (3·28) の n_0 を置き換えて，式 (3·13) の第 2 項を考慮すれば，電子電流密度 J_n は

$$J_n = \frac{eD_n n_P}{L_n}\left(\exp\left(\frac{eV}{k_\mathrm{B}T}\right) - 1\right) \tag{4・3}$$

となる．正孔電流も同様に計算されて，pn 接合における飽和電流密度 J_S は

$$J_S = e\left(\frac{D_n n_P}{L_n} + \frac{D_P p_n}{L_P}\right) \tag{4・4}$$

で表される．

　印加電圧の方向を逆方向にすると，図 4·3 (c) のようになり，障壁の高さは，$e\,(V_D + V)$ と高くなり，n 形中の電子および p 形中の正孔は障壁を越えることができない．一方，n 形中の正孔は空乏層に達すると，電界で加速され p 形中に流れ込む．同様に電子は n 形中に流れ込む．この大きさは電圧に依存せず一定で，J_S に相当する．

　pn 接合の接合面積を S，p から n に流れる電流を I とすれば

$$I = eS\left(\frac{D_n n_P}{L_n} + \frac{D_P p_n}{L_P}\right)\left(\exp\left(\frac{eV}{k_\mathrm{B}T}\right) - 1\right) \tag{4・5}$$

となり，順方向に大きな電流が，逆方向には微小な飽和電流が流れることがわかる．pn 接合は，整流用ダイオードとして，小電力から大電力まで用いられている．直接遷移形半導体の pn 接合では，過剰キャリヤが効率よくバンドギャップエネルギーに相当する光子を放出して再結合するので，発光ダイオード（LED）として用いられる．また，空乏層は静電容量を形成しており，印加電圧により空乏層幅が変化し静電容量が変わるために，集積回路のコンデンサとして用いられたり，可変容量ダイオードとして用いられている．

〔3〕光起電力効果 ■ ■ ■

　半導体に光を照射すると，禁止帯幅より大きいエネルギーを持った光は，価電子帯の電子を伝導帯に励起して吸収される．禁止帯幅より小さいエネルギーの光は，不純物や格子欠陥などの作る準位と価電子帯または伝導帯との間の遷移で吸収される．

　pn 接合またはショットキー接合に，禁止帯幅より大きいエネルギーを持つ光

を照射すると，電子と正孔が生成し接合の電界によって分離されて電圧を発生する．このように光照射によって起電力を発生する現象を**光起電力効果**（photovoltaic effect）という．

光照射下ではダイオードの電圧－電流特性は

$$I = I_{sh} - I_S \left(\exp\left(\frac{eV}{k_\mathrm{B}T}\right) - 1 \right) \tag{4・6}$$

で表される．ここでI_Sは，ダイオードの逆方向飽和電流である．

光照射時と，非照射時の電圧－電流特性を**図4・4**に示す．I_{sh}は，**短絡光電流**と呼ばれ，V_{OC}は，**開放電圧**と呼ばれる．光検出を目的としたフォトダイオードでは，逆バイアスして用いられるため，図4・4の第3象限で動作して，式（4・6）より，$I \simeq I_{sh}$となり，入射光に比例した電流が測定される．

太陽電池としては，図4・4の第4象限で動作し，負荷抵抗Rに対する負荷線との交点が動作点になる．最大電力は，$V_R I_R$が最大になる負荷抵抗で得られる．

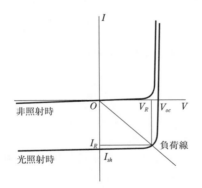

●**図4・4**●フォトダイオードの電圧－電流特性

〔**4**〕**半導体レーザ** ■ ■ ■

直接遷移形の半導体では，電子と正孔が結合するときにバンドギャップに相当する光子を放出（自然放出）する．pn接合界面のような充分に高い密度で電子と正孔が存在する領域は活性層といわれる．活性層で，電子－正孔密度が充分に高ければ，そこに存在する光と同期して光子を放出（誘導放出）し，光の強度が増す．すなわち，活性層には光の増幅作用がある．光の伝搬距離が充分に長ければ，特定の振動数（波長）と位相の光子だけが増幅され，位相と運動量の揃った光（レー

ザ光)が生成される．閃亜鉛鉱形の半導体では，劈開面が(110)方向にあり，**図4・5**に示すように完全平行な面で構成される．活性層で劈開面に垂直に入射する光子は，活性層の屈折率が外部に比べて充分に大きいために，劈開面で反射して同じ経路を戻る．すなわち劈開面で挟まれた領域で光は反射を繰り返すことにより閉じ込められ，光の増幅が効果的に起こる．活性層に閉じ込められた光子のごく一部が，レーザ光として外部に取り出される．青色レーザダイオードでは，活性層を$In_{0.1}Ga_{0.9}N$，活性層を挟むクラッド層をGaNとしたダブルヘテロ(DH)を基本構造として，キャリヤと光を活性層に高密度で閉じ込めて効率を高めている．

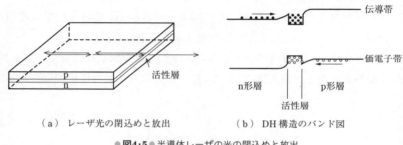

(a) レーザ光の閉込めと放出　　　　(b) DH構造のバンド図

●**図4・5**●半導体レーザの光の閉込めと放出

●**2**● トランジスタ

〔1〕接合形トランジスタ ■■■

接合形トランジスタは，pnpまたはnpnの三層構造となっている．**図4・6** (a)にベース接地されたpnpトランジスタを示す．トランジスタは，**エミッタ**(emitter)，**ベース**(base)，**コレクタ**(collector)の三つの領域からできている．エミッタとベースの間およびベースとコレクタの間のpn接合は，それぞれ**エミッタ接合**，**コレクタ接合**と呼ばれる．

エミッタ接合は順バイアスされ，コレクタ接合は逆バイアスされる．エミッタより注入された正孔は薄いベース領域($\leq 1\,\mu m$)でほとんど再結合することなくコレクタ接合に達し，逆バイアスされたコレクタ接合を通ってコレクタに到達する．

エミッタ電流I_Eに対するコレクタ電流I_Cの比I_C/I_Eを**電流増幅率**αと呼ぶ．αは0.99～0.995とわずかに1より小さく，ベース接地回路では電流増幅作用はない．しかし，エミッタ接合の抵抗をR_Eとすると，エミッタ入力電圧はおよそIERE

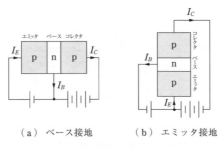

（a） ベース接地 （b） エミッタ接地

● **図4·6** ● バイポーラトランジスタの構造と接続

であり，コレクタ接合の抵抗をR_Cとすると，コレクタ出力電圧はおよそ$I_C R_C$となる．電圧増幅率はほぼR_C/R_Eで与えられ，順バイアスされた接合のR_Eに比べて逆バイアスされたR_Cは非常に大きく，電圧増幅作用がある．

また，ベース電流をI_Bとすると，$I_E = I_C + I_B$であり，図4·6 (b)のエミッタ接地回路では，入力電流と出力電流の比は

$$\frac{I_C}{I_B} = \frac{I_C}{I_E - I_C} = \frac{\alpha}{1 - \alpha} \tag{4·7}$$

と表されるから数百となり，電流増幅作用がある．また，電圧増幅作用もある．

このトランジスタは，多数キャリヤと少数キャリヤの両方が関与して動作するので，**バイポーラトランジスタ**（bipolar transistor）とも呼ばれる．トランジスタの電流増幅率は，エミッタ接合の注入効率，ベース領域の輸送効率，コレクタ接合のコレクタ効率によって決定されるが，ほとんどベース領域の輸送効率で決まる．また高周波特性は，ベース領域の少数キャリヤの走行時間でほぼ決定されるので，ベース領域はできるだけ薄く設計される．

〔2〕 **電界効果トランジスタ** ■■■

電界効果トランジスタ（field effect transistor：**FET**）は，**ゲート**（gate），**ソース**（source），**ドレイン**（drain）の三つの領域からできており，ゲートの構造により，接合形，MOS形，ショットキー形がある．**図4·7** (a)に接合形FET（JFET）の構造を示す．n-Siにp形のゲート領域が作られている．このトランジスタは，多数キャリヤの電子のみで動作するので**ユニポーラトランジスタ**（unipolar transistor）と呼ばれる．電子はドレイン電圧によりソースからドレインへと流れる．しかし，ゲート–ソース間の電圧により，pn接合は逆バイアスされるた

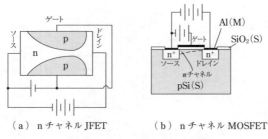

（a）nチャネル JFET　　　　（b）nチャネル MOSFET

● **図4・7** ● JFET と MOSFET の構造

めに電子は，狭いチャネル（channel）と呼ばれる領域を流れる．逆バイアスの大きさを変化させることにより，ドレイン電流を変化させることができる.

トランジスタの特性を示すパラメータとして，ドレイン抵抗r_d，相互コンダクタンスg_m，増幅率μがあり，次のように定義される.

$$r_d = \left(\frac{\partial V_D}{\partial I_D}\right)_{V_G=\text{const}} \tag{4・8}$$

$$g_m = \left(\frac{\partial I_D}{\partial V_G}\right)_{V_D=\text{const}} \tag{4・9}$$

$$\mu = g_m r_d \tag{4・10}$$

g_mが大きいほどトランジスタの特性がよい．p-Si を用いると p チャネルができる.

図4・7（b）にMOS形の構造を示す．ゲートの金属は，Si基板と薄い酸化膜を挟んで付けられており，**MOSトランジスタ**と呼ばれる．基板がp形であるので，ソースからドレインへの電子の流れが生じるためには，n形領域が形成される必要がある．MOS構造のゲート電圧を増加させると，Si基板の酸化膜のごく近傍の領域がn形に反転して電子が生じチャネルを形成しドレイン電流が流れる．このように，あらかじめチャネルのない構造を**エンハンスメント形**と呼ぶ.

一方，不純物添加によりあらかじめチャネルが存在する場合には，ゲート電圧が0でもドレイン電流が流れており，ゲートに負の電圧を印加することによりチャネルがなくなり電流が流れなくなる．このような構造を**デプレション形**と呼ぶ．また，チャネルがn形のFETを**nMOS**，p形のFETを**pMOS**という.

ショットキー形は，ゲートがpn接合ではなく，ショットキー接合で作られたFETで，GaAs基板やInP基板が用いられる.

〔3〕サイリスタ　■■■

　図4·8に一般的な**サイリスタ**(thyristor)の構造を示す．J_1, J_2, J_3とpn接合が三つある構造になっている．アノード(A)側に正の電圧を印加すると接合J_2のみが逆方向になり，ついには降伏する．(図中の曲線a)残りの接合は順方向であるから，AK間に全体としてかかる電圧は数Vと非常に低くなる．この状態をオン状態という．印加電圧を減少し，保持電圧(D点)以下にすると，サイリスタは，オフ状態になる．

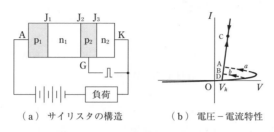

（a）サイリスタの構造　　　　（b）電圧−電流特性

●**図4·8**●サイリスタの構造と電圧−電流特性

　次に，カソード(K)側を正にすると，J_1, J_3の接合は逆方向になり，電流はほとんど流れない．ここで，ゲート電極(G)より，J_3に正の電圧パルスを印加するとn_2より注入された電子がJ_2接合に達し，J_2接合が順バイアスされサイリスタはオン状態になる(曲線b)．

　パルスを印加するタイミングを適当に選ぶことにより，負荷には実効的に任意の電圧を印加できる．パルス電圧を印加する代わりに光パルスを与える素子は光サイリスタと呼ばれ，高電圧のスイッチに適している．サイリスタは，一度オン状態になると，保持電圧以下になるまでオフ状態にはならないために，直流電圧では，素子単独ではオフにすることができない．この点を改良し，ゲートに逆極性の電圧パルスを印加してオフにできる**ゲートターンオフ**(GTO)**サイリスタ**も使われる．

　サイリスタは，電力制御素子として，数千〔V〕，数千〔A〕の製品が実用化されている．

〔4〕インシュレーテッドゲートバイポーラトランジスタ(IGBT)　■■■

　IGBTの構造を**図4·9**(a)に示す．IGBTは図4·9(b)に示す等価回路のようにpnpトランジスタとパワーMOSFETをダーリントン接続したBi-CMOSトラン

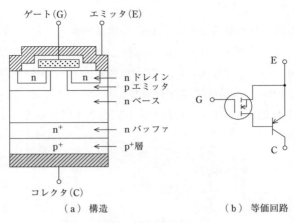

ゲート(G)　エミッタ(E)

n ドレイン
p エミッタ
n ベース
n バッファ
p⁺層

コレクタ(C)

（a）構造　　　　　　　　　　（b）等価回路

図4·9 IGBTの基本構造

ジスタとなっている．ゲート−エミッタ間に正の電圧を印加してパワー
MOSFETを導通させるとpnpトランジスタにベース電流が供給され，pnpトラ
ンジスタは導通状態になる．ゲート−エミッタ間に電圧を印加しなければ，ベー
ス電流が供給されないためにpnpトランジスタはオフ状態になる．

　サイリスタでは，ターンオン・ターンオフ時に電流スパイクが発生するために，
駆動回路が複雑になるが，IGBTでは絶縁性ゲートに電圧を印加することによっ
てスイッチ動作をするために，駆動回路の構造が単純でスイッチ動作も高速であ
る．パワーMOSFETと比較して大電流が流せるのでチョッパ形の電力制御素子
として広く用いられている．

3 集積回路

　集積回路とは，ダイオード，トランジスタ，抵抗，コンデンサ(キャパシタ)な
どの電子部品を一つの基板上に作り上げて結線した構造でIC (integrated
circuit)と呼ばれる．高密度集積回路は**LSI**(large scale integration)，**VLSI**(very
large scale integration) などと呼ばれ，CPU，メモリ，高機能ICなどとして実
用されている．IC化することにより，高機能化，高信頼化，低価格化，小型化，
軽量化などの特徴がある．

　すべての部品を一つの基板上に作り上げたものはモノリシックIC，複数の基
板を一つの基板上にまとめたハイブリッドICがある．機能的にはディジタル信

号のみを処理するディジタルICとアナログ信号を処理するアナログICに分類され，バイポーラトランジスタやMOSFETがそれぞれの特長を活かして集積化されている．**図4・10**にMOS-ICの例を示す．

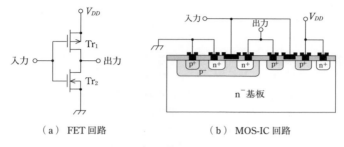

（a）FET回路 　　　　　（b）MOS-IC回路

●**図4・10**● FET回路とMOS-ICの構造

ま と め

◎ 金属－半導体接合では，半導体から金属へ流れるキャリヤ量は電圧に対して指数関数的に増加する．このキャリヤの振る舞いを利用した整流素子について紹介した．
◎ pn接合では少数キャリヤの拡散が重要な役割を担う．pn接合近傍でのキャリヤ再結合や光吸収は整流素子・LED（発光ダイオード）・太陽電池に応用される．
◎ ベースでの少数キャリヤの再結合拡散現象によるバイポーラトランジスタの動作とゲート下の多数キャリヤ濃度制御による電界効果トランジスタ動作について紹介した．
◎ 電力制御素子として，サイリスタとIGBTの構造と動作原理について紹介した．

演 習 問 題

問1 　LEDにおいて，材料のバンドギャップ E_g〔eV〕と発光波長 λ〔nm〕との間に $\lambda = \dfrac{1239.8}{E_g}$ なる関係があることを示せ．

5章
電気を通す導電材料とその性質

　私達の身の回りには，さまざまな'もの'があふれている．しかし，電気的な性質という観点から見れば，それらは'電気を通しやすいもの'，'電気を通しにくいもの'，そして'その中間のもの'の三つに分けることができる．ここで用いた'電気を通す材料'とは'電流を流すことのできる材料'の意味である．この章ではこの'電気を通しやすいもの'について，その種類や性質，またどんなところに用いられているかなどについて考える．

◦1◦ 導電材料とはどんなものだろう

　電気を通す'もの'，すなわち導電材料はなぜ電気を通すのか，また，導電材料はどんな性質を持っているのかなど身近にある電気を通す代表的材料である金属について考える．

〔1〕金属はなぜ電気を通す ■ ■ ■

　金属がどのようなバンド構造を持っているかについては2章で説明されているので参照していただくとして，ここでは金属中の電子の動きについて復習しよう．

　金属は，電子の海の中に，原子が互いにある距離を保って3次元的に並んでいるようなもので，電子は特定の原子に束縛されることなく，多くの原子の間を動き回る．この状態では，電子はあらゆる方向に運動をするので平均的に見れば電流は流れない．この状態に電界が加わると，電界によるクーロン力によって電界と反対の方向に運動する電子が多くなり，電流が流れる．

　電流はある断面を単位時間に流れる電荷量として定義される．電流の単位はアンペア〔A〕であり次元は〔C/s〕である．

〔2〕電流の流れやすさは何で表す ■ ■ ■

　金属はその種類によっていろいろな大きさの導電率を持っている．**図5・1**に示したように，断面積 S〔m²〕の金属に電流 I〔A〕を流したとする．このとき，金属上の2点間に電圧 V〔V〕が発生する．この2点間の長さを L〔m〕とすれば，導電率 σ〔S/m〕は次の式で表される．

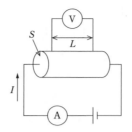

●**図5·1**●導体の導電率の定義

$$\sigma = \frac{I/S}{V/L} = \frac{j}{E} \tag{5 · 1}$$

ここで，j〔A/m²〕は電流密度，E〔V/m〕は電界である．導電率は電流の流れやすさの目安であり，金属の形状によらず，その値が大きいほどその金属が電流を流しやすいことを示している．

〔**3**〕**金属の電気抵抗は何によって決まるのだろう**　■■■■

金属を流れる電流は電子によって運ばれるが，多数の原子の間を運動しているので，これら原子の影響を受ける．

原子が整然と並んでいる場合は稀で，**図5·2**に示すように本来原子があるべきところになかったり，原子自身が熱運動などで振動している．これらは，電子の運動に抵抗を与え，その結果として金属は**電気抵抗**と呼ばれる性質を表す．電気抵抗R〔Ω〕は次の式で定義される．

$$R = \rho \frac{L}{S} \tag{5 · 2}$$

ここで ρ〔Ω·m〕は**体積抵抗率**と呼ばれ，電気抵抗を形状によらない定数で表した値であり，導電率の逆数である．

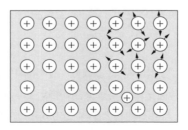

●**図5·2**●原子の配列と格子欠陥

　原子は互いに影響し合って熱振動を起こす．この原子集団として起こる熱振動は，**格子振動**（フォノン）と呼ばれ，温度の上昇とともに激しくなる．

　また，整列した原子の中に不純物などが混在したり，原子が欠損していたりするために生じる原子の配列の乱れは，総称して**格子欠陥**と呼ばれる．

　これらは，電子の運動を妨げる．この様子は**図5・3**に示すように電子があたかも障害物に衝突してその運動が妨げられている状況に似ている．

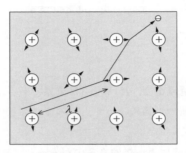

●**図5・3**● 格子振動による電子の散乱

　衝突と衝突の間に電子が進む平均の距離を平均自由行程 λ〔m〕とすると，この類推から，電子の平均速度 v〔m/s〕は，次のように表される．

$$v = \frac{\lambda}{\tau} = \frac{eE\tau}{m} \tag{5・3}$$

　ここで，e は電子の電荷素量（1.602×10^{-19} C），m〔kg〕は電子の質量，また，τ〔s〕は衝突と衝突の間の平均衝突時間であり，**平均緩和時間**と呼ばれる．電流密度 j〔A/m²〕は電子の体積密度を n〔m^{-3}〕とすると電流の定義から

$$j = e\,n\,v \tag{5・4}$$

で表すことができる．式(5・3)を式(5・4)式に代入し，その結果と式(5・1)を比較することによって，導電率 σ〔S/m〕は

$$\sigma = e^2 n \frac{\tau}{m} \tag{5・5}$$

と表されることがわかる．式(5・5)によれば，平均緩和時間 τ が長いほど導電率は大きくなる．平均緩和時間 τ は，格子欠陥が多いと衝突回数が増えて短くなる．例えば高純度の銅にクロムを不純物として 200 ppm 加えた場合，銅の体積抵抗率は約6％ほど増加する．

〔4〕金属は電気も熱も伝える ■■■

　私達は経験上，金属がよく熱を伝えることを知っている．また，これまでにわかったように金属はよく電気を伝える．これらの事実は関係があるのだろうか．金属の中では電子が電荷を運んで，電流が流れる．熱は何によって運ばれるのだろうか．

　図5·4に示すように温度分布を持つ金属を考える．この金属の中の温度差のため，xの正の方向に熱が流れている．単位断面積当たり，単位時間当たりに流れるエネルギー，すなわち熱流密度をQ〔J/(m²·s)〕とすれば，Qは

$$Q = -\kappa \frac{dT}{dx} \qquad (5 \cdot 6)$$

で表される．ここでκは熱伝導率〔W/(m·K)〕であり，dT/dxはx方向の温度傾斜である．式(5·6)は次のように理解できる．

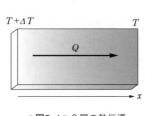

● **図5·4** ● 金属の熱伝導

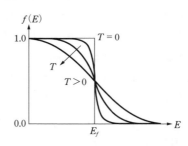

● **図5·5** ● フェルミ–ディラック分布

　図5·5に示すように金属中の電子はフェルミ–ディラック（Fermi–Dirac）統計に従い，エネルギー的に分布している．温度が上がると電子の分布も変化し，より高いエネルギーを持つ電子の数が増える．このため金属中の電子全体のエネルギーが増加する．

　一方，金属中に温度差があると低温度領域に比べて，高温度領域で電子全体のエネルギーが高いため，低温度領域に向かってエネルギーの流れが生じる．すなわち，電子がエネルギーを運ぶのである．

　このように金属では電子が電気伝導にも熱伝導にも関与しているため，導電率σと熱伝導率κの間には**ビーデマン–フランツ**（Wiedemann-Franz）の法則

$$\frac{\kappa}{\sigma} = LT \qquad (5 \cdot 7)$$

が成り立つことが知られている．ここでLはローレンツ（Lorentz）数であり

$$L = \frac{k_\mathrm{B}^2 \pi^2}{3e^2} = 2.445 \times 10^{-8} \tag{5・8}$$

で表され，材料によらない値となる．ただし，ここでk_Bはボルツマン（Boltzmann）定数である．

●2● どんな材料がよく電流を流すのだろう

〔1〕 ケーブル，電線に使われる金属 ■■■

　電流を流す目的でケーブルや電線に使われる金属には，導電率が高いことはもちろん，軽くて大きい引張強さが要求される．また実用においては安価であることも重要で，そのため通常は銅または銅合金がケーブルや電線用に使われている．引張強さあるいは可とう性・屈曲性など用途に応じて要求される性質も異なるため，伸線処理，焼なまし処理などの加工を加え，硬銅線や軟銅線が作られている．

　代表的なケーブル・電線用金属であるアルミニウムの導電率は銅の60％程度であるが，その比重が銅の30％しかなく，単位重量当たりの導電率は約2倍にもなる．このため高電圧架空送電線や軽量化が要求される自動車用ケーブルなどに用いられる．またアルミニウム単体では耐熱性に乏しく強度が低いため，マグネシウム，ジルコニウムや鉄などとの合金が作られ，引張強さも2，3倍のもの，あるいは，耐熱性もアルミニウムの90℃に対して200℃に達する超耐熱アルミニウム合金などもある．

　一方，電気機器の大容量化，用途の多様化に対応するために銅とクロム，ベリリウム，銀，サマリウムなどとの合金が使われ，それぞれ高強度/耐熱性，高強度/耐磨耗性，高導電性/耐熱性，高弾性などの特徴を有する．

〔2〕 導電材料は固体ばかりだろうか ■■■

　室温で身近にある液体金属は水銀である．水銀は20℃における体積抵抗率が9.85×10^{-8}Ω・mで密度13.55g/cm³の重い金属である．その蒸気が有害であるため，ガラスなどに封入した形にして特殊な用途にしか用いられていない．代表的な用途はリレーまたはスイッチである．

　水銀以外にも液状の導電性材料がある．ただし，これは溶媒に溶かしたエポキシ樹脂などに，銀や銅もしくは炭素などの微細な粒子を分散させて導電性塗料としたものであり，製品の形では固体である．導電性塗料は，これを絶縁性の電子

回路基板に塗布あるいは印刷し，乾燥，固化することによって回路パターンを形成する用途などに用いられる．

●3● 電流を流しにくい材料も必要

電子回路あるいは電気機器は，トランジスタなどの増幅機能を持つ能動素子と抵抗・コイル・コンデンサの受動素子，およびそれらを高密度に集積した集積回路 (IC) などからできている．この中で導電材料の一種と考えられるのが抵抗である．抵抗は主として，ある決まった値の電気抵抗を示す回路素子，ジュール熱を利用する発熱体，電流を制限する限流器，抵抗の温度変化を利用する温度センサなどとして用いられる．

電気抵抗は一般に温度が上昇すると，その抵抗値は大きくなる．精密抵抗測定用抵抗材料に対しては，その依存性の程度を表す指標として抵抗温度係数がJIS規格に定められている．

素材としては金属薄膜または金属細線などの形で使われる金属抵抗材料のほか，炭素または炭化ケイ素などを素材として薄膜状あるいは焼結体の形で用いられる非金属系抵抗材料に大別される．その一例を**表5・1**に示す．金属抵抗材料が全般的にその体積抵抗率が低いのに対し，非金属系抵抗材料は大きな体積抵抗率を持つ．

●**表5・1**● 各種抵抗材料の特徴と用途

		金属抵抗材料		非金属抵抗材料		
		金属抵抗線	金属抵抗薄膜	炭素皮膜抵抗	炭化ケイ素抵抗	カーボン抵抗
特 徴		・小さな抵抗温度係数 ・正確な抵抗値	・高抵抗 ・優れた高周波特性 ・低ノイズ	・小型 ・高抵抗	・発熱体 ・高抵抗 ・大きな抵抗温度係数	・圧力による可変抵抗
材料名など		マンガニン抵抗 Cu・Ni抵抗線	Ni・Cr TaN	C	SiC発熱体	C粉末
用 途		・標準抵抗器 ・計測器 ・温度制御器	・高周波用固定抵抗 ・可変抵抗器	・固定抵抗 ・各種電子回路	・電気炉用発熱体	・マイクロフォン用抵抗 ・可変抵抗器

●**4**● 超伝導材料はどんな金属なのだろう

　1911年に水銀の電気抵抗が液体ヘリウム温度（4.2 K）付近で急速に0になることが発見されて以来，超伝導現象への期待が高まった．以下に超伝導について考えてみよう．

〔1〕超伝導になる材料はどんな性質を示す ■ ■ ■

　電子が対（**クーパー対**）を作ることにより**超伝導**となるが，その特徴的な性質は完全に電気抵抗が0になる**完全導電性**，磁束が超伝導体に入れない**完全反磁性**（**マイスナー効果**）であり，また超伝導体のリングの中に閉じ込められた磁束がある値（2.07×10^{-15} Wb）の整数倍となる**磁束の量子化**と呼ばれる性質も示す．これらの性質は通常の金属と全く異なるものである．

　超伝導体は三つの臨界値を持っている．一つは**臨界温度** T_c であり，その温度より高い温度では超伝導性を失い，通常の金属（常伝導金属）となる．二つ目は**臨界電流** I_c で，超伝導体にそれ以上の電流を流したとき常伝導金属に転移し，有限の電気抵抗を示す．最後は**臨界磁界** H_c で，その磁界より小さい磁界が加わった場合にはマイスナー効果によって超伝導体内部には磁束が侵入できないが，臨界磁界を超えると磁束が超伝導体に侵入する．

●**表5・2**●各種超伝導体の臨界温度

金属合金系	転移温度〔K〕	銅系	転移温度〔K〕	鉄系	転移温度〔K〕
Hg	4.2	$BaPb_{1-x}Bi_xO_3$	13.2	LaFePO	4
Pb	7.2	$(Nb,Ce)_2CuO_4$	24	$LaFeAs(O_{1-x}F_x)$	26
NbTi	9.8	$Ba_{1-x}KBi_xO_3$	40	$NdFeAs(O_{1-x}F_x)$	51
NbZr	11.5	$Ba_xLa_{1-x}CuO_{4-y}$	33	$SmFeAs(O_{1-x}F_x)$	55
NbN	17.3	$La_{2-x}Sr_xCuO_4$	40	$Gd_{1-x}Th_xFeAsO$	56
Nb_3Sn	18.5	$Bi_2Sr_2CaCu_2O_8$	80		
Nb_3Ge	23.9	$YBa_2Cu_3O_{7-x}$	93		
MgB_2	39	$Bi_2Sr_2Ca_2Cu_3O_8$	114		
		$Tl_2Ba_2Ca_2Cu_3O_x$	120		
		$HgBa_2Ca_2Cu_3O_x$	133		

水素系	転移温度〔K〕	その他	転移温度〔K〕
H_3S	203	$(TMTSF)_2ClO_4$	1.4
LaH_{10}	250	$(TMTSF)_2FSO_3$	2.1
$LaH_{10 \pm x}$	260	β -$(BEDT\text{-}TTF)_2I_3$	8
		K_3C_{60}	18
		MgB_2	39

・本表は下記の公開データを参照して著者が作成
・中央大学理工学部物理学科　極限凝縮系物性研究室
・https://www.phys.chuo-u.ac.jp/labs/kittaka/contents/others/tc-history/index.html

なお，1986年に全く新しい酸化物超伝導体が発見され，最近では従来の銅酸化物超伝導体に加えてホウ素系や鉄系など新しい超伝導体が発見されている．**表5·2**に代表的な金属・酸化物超伝導体などとその臨界温度を示す．

〔2〕超伝導材料の実用化

臨界磁界を超えると超伝導性を失う**第1種超伝導体**は，この臨界磁界が小さいため大きな電流を流せない．このため，実用的には，磁束が侵入しても超伝導状態を失わず混合状態にある**第2種超伝導体**が用いられている．

混合状態では磁束が超伝導体中に侵入していて，しかも電流を流している状態にあるため，この磁束はローレンツ力によって移動しようとする．しかし超伝導体内部に常伝導不純物，粒界などの欠陥があると，磁束はこれらに捕獲され移動できない．このような欠陥などを**ピン中心**（pinning center）と呼ぶ．実用的には，優れたピン中心の存在が超伝導体の臨界電流とその安定性を決めていると言ってもよい．

一方，エレクトロニクス分野では中間に十数Å程度の薄い絶縁体を超伝導体で挟んだ構造の**ジョセフソン**（Josephson）**素子**が代表的な素子として用いられる．この素子はジョセフソン臨界電流と呼ばれる電流までは，絶縁体を通して電流が流れても電圧が発生しないが，これを越すと急に電圧を発生する性質を示す．この零電圧状態から電圧状態へのスイッチングはピコ秒以下で起こるため，高速で低消費エネルギーのスイッチング素子として超高速コンピュータなどへの応用が期待されている．

また最近は良好な絶縁層を形成した酸化物超伝導体ジョセフソン素子の実現が困難なこともあり，磁束量子素子を超伝導エレクトロニクスの新しい担い手とする多くの応用が検討されている．

●**5**● 特殊な導電材料とその使われ方

これまでにいくつかの導電材料について主にその特徴を述べてきたが，この節では特殊な導電材料について説明する．

〔1〕透明で電気を通す導電材料

普通の金属は可視光を反射し，不透明な場合が多い．しかし，太陽電池や液晶には，電気を通しながら透明である電極材料が不可欠である．従来から用いられている代表的な透明導電膜は**ITO膜**と呼ばれる，酸化インジウムに5〜10wt％

の酸化スズを加えたいわゆる**ワイドギャップ半導体**である．抵抗率は$1～2×10^{-6}$ Ω·mで可視光領域で約80％程の透過率を示す．

　一方，ITO以外にSn，Zn，Tiなどの酸化膜についても低い抵抗率と高い透過率という相反する性質の向上を求めて研究されている．

〔2〕特殊な用途の導電材料 ■■■

　これまでの節では述べていない特殊な用途の導電材料について述べる．

　融点の低い金属は金属同士を固定するためのはんだ用，ある電流が流れると溶解して電気回路を切断する働きをするヒューズ用材料に使われる．

　異種の金属を組み合わせて用いるものに熱電対やバイメタルなどがある．熱電対は異種の金属の接合点を加熱・冷却するとそれらの温度差に応じてその両端に電圧が発生する現象を利用して，測温用センサとして用いられる．**表5・3**にその種類と使用温度を示す．バイメタルは熱膨張係数の異なる2種の金属を貼り合わせた板状のもので，温度に応じて湾曲する．この性質を利用して温度スイッチ，温度センサなどに用いる．

●**表5・3**●各種熱電対とその特徴

種　類	JIS記号	使用温度範囲〔℃〕	特　徴
クロメル−アルメル	K	−200 ～ 1 000	起電力の直線性良好 還元性雰囲気不適
クロメル−コンスタンタン	E	−200 ～ 700	熱起電力が大きい 非磁性
鉄−コンスタンタン	J	−200 ～ 600	起電力の直線性良好 還元性雰囲気に適する
銅−コンスタンタン	T	−200 ～ 300	低温での精度良好
白金・ロジウム30− 白金・ロジウム6	B	200 ～ 1 500	耐熱性・機械的強度良好 小さな室温熱起電力
白金・ロジウム10−白金	S	0 ～ 1 400	耐熱性・機械的強度良好 小さな室温熱起電力
白金・ロジウム13−白金	R	0 ～ 1 400	良好な安定性 酸化性雰囲気に適する

ま と め

◉ 電流を運ぶ担体，電気抵抗発生の原因を説明し，金属では導電率と熱伝導率の間にビーデマン-フランツ（Wiedemann-Franz）の法則（$\kappa/\sigma = LT$）で表される一定の関係がある．

◉ 導電材料の電気抵抗は，格子振動，欠陥などによる電子散乱によって生じ，温度や不純物に依存する．

◉ 導電材料は，金属などの固体，水銀などの液体，有機溶媒に溶かした導電性ペイントなど，さまざまな形態を示すものがある．

◉ 導電材料は，抵抗材料としても使用され，金属抵抗材料，非金属抵抗材料に大別され，広く用いられる．

◉ 超伝導現象は，ある温度以下で直流の電気抵抗が消失するという現象で，そのような性質を示す超伝導材料には金属超伝導体のほか，酸化物超伝導体がある．これらの超伝導材料は完全導電性のほかに完全反磁性を示し，多くの分野で活躍が期待される．

◉ 特殊な導電材料には，透明電極として使われる導電材料や温度測定用として使われる熱電対などがある．

演 習 問 題

問1 ある金属に1Aの電流を流すとき，その胴体の断面を毎秒いくつの電子が流れるのかを計算しなさい．

問2 電子が電界Eによって加速され，障害物に衝突しながら運動しているとする．衝突と衝突の間の平均的な時間をτとして，電子の平均速度vを表す式(5・3)を求めなさい．ただし，電子の電荷量，質量をそれぞれe, mとする．

問3 金属の導電率と熱伝導度の間に成り立つビーデマン-フランツの法則に基づいて，銀，銅についてローレンツ数Lを求め，理論値と比較しなさい．

問4 金属の電気抵抗の温度依存性を調べると十分低温になると温度に依存しなくなる成分を有していることがある．温度に依存する成分は主として格子振動と電子の衝突によるものであるが，この温度に依存しない抵抗成分を決めている要因は何か答えなさい．

■ ジョセフソン効果 ■

　常伝導金属で絶縁体をサンドイッチしてこれに電流を流した場合，その常伝導金属の間には電圧が発生する．これに対して超伝導体で絶縁体をサンドイッチしてこれに電流を流した場合，絶縁体が十分薄ければ超伝導体間に電圧を発生しない．この現象をジョセフソン効果と呼ぶ．ジョセフソン効果はクーパー対と呼ばれる電子の対がこの薄い絶縁体をトンネルするために起こる効果である．この効果はジョセフソンが大学院の学生のときに理論的に予測したものである．普通，電子は熱エネルギーをもらって，あるポテンシャル障壁を越えるのに対し，その障壁の幅が十分薄く，またその高さが有限であれば，電子はジャンプすることなく，そのまま障壁の反対側へ通過する．これがトンネル効果と呼ばれる現象である．ジョセフソン効果は二つの電子が同時にトンネルするもので，当初その確率は一つの電子のトンネルに比べて著しく小さいものと思われた．ジョセフソンの師であるバーディーン（Bardeen）やピッパード（Pippard）ですらそう考えた．しかし，クーパー対のトンネルの場合は，二つの電子の位相が揃った状態でトンネルするため，トンネル確率は一つの電子の場合と同じ確率で起こることが後に実験的に立証された．

6章

誘電体材料とその応用

　一般に誘電体とは，電圧を印加しても電流が流れないが，電荷の片寄り（誘電分極）を生じる物質である．主に前者の特性を利用して絶縁材料，後者の特性を利用してキャパシタ材料などとして利用される．誘電体材料は同時に電気絶縁材料としても使用されることが多いため，誘電・絶縁材料とも呼ばれ，その電気的性質には**表6・1**に示すような誘電性と電気絶縁性の二つが同時に存在している．このうち，特に誘電性に注目して材料を使用するときに"誘電体材料"の名前が用いられ，本章では誘電体材料とその応用について述べる．また，次章では電気絶縁性に注目して使用する場合の絶縁材料とその性質について述べる．

●**表6・1**● 誘電・絶縁材料の電気的性質とそれに関係する物性定数

$$
\begin{cases}
誘電性
\begin{cases}
\textbf{誘電分極}\cdots\cdots 比誘電率\ (\varepsilon_r') \\
\textbf{誘電損失}\cdots\cdots 比誘電損率\ (\varepsilon_r''),\quad 誘電正接\ (\tan\delta)
\end{cases} \\
電気絶縁性
\begin{cases}
電気伝導\cdots\cdots 電気抵抗率\ (\rho),\quad 導電率\ (\sigma) \\
絶縁破壊\cdots\cdots 絶縁破壊の強さ\ (E_b)
\end{cases}
\end{cases}
$$

●**1**● 誘電体とは何か

〔**1**〕誘電分極 ■■■

　簡単のため，真空中に置かれた平行平板キャパシタを考える（**図6・1**(a)）．電極面積をS，電極間隔をd，真空の誘電率をε_0とする．このキャパシタに電圧Vを印加すると，電極上にはQ_0の電荷が現れ，キャパシタ内部には$Q_0/(\varepsilon_0 S)$の電界Eが生じる．$V = Ed$の関係より，$Q_0 = (\varepsilon_0 S/d)V$となり，キャパシタの容量$C_0 = Q_0/V$は$\varepsilon_0 S/d$となる．

　このキャパシタの電極間に誘電体材料をすき間なく入れると，印加電界により誘電体材料中の電荷に偏り（**誘電分極**）が生じ，誘電体の表面に束縛された電荷Q_bが現れる（図6・1(b)）．この電荷が電極上の電荷Qの一部をキャンセルするため，キャパシタ内の電界Eは$(Q - Q_b)/(\varepsilon_0 S)$となり，印加電圧が前と同じ$V$である場合に，$V = Ed$の関係から，電極上の電荷$Q$は$(\varepsilon_0 S/d)V + Q_b$となる．ここで，

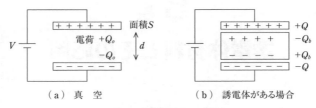

●**図6·1**●誘電体材料と分極

図6·1の例の場合，単位面積当たりの電荷Q_b/Sは分極Pに等しく，これは一般に電界Eに比例することから，比例係数を$\chi\varepsilon_0$とおくと，$Q_b/S = \chi\varepsilon_0(V/d)$となる．これらの関係から，電極上の電荷$Q = (\varepsilon_0(1+\chi)S/d)V = CV$となることがわかる．

〔**2**〕**誘電率** ■ ■ ■

前項で述べたように，誘電体材料をキャパシタに入れることにより，容量は$C/C_0 = 1 + \chi = \varepsilon_r$倍に増加する．この比$\varepsilon_r$を**比誘電率**，分極電荷の現れる割合$\chi$を**電気感受率**という．また，$\varepsilon = \varepsilon_r\varepsilon_0$を誘電体材料の**誘電率**と呼ぶ．

●**2**● 分極の種類（誘電性の起源）

前節で述べたように，電界を加えたときに電荷の片寄り（分極）が生じることにより，誘電性が生じる．本節では誘電材料の中で生じる分極の種類と起源について述べる．

〔**1**〕**電子分極** ■ ■ ■

原子に電界が加わることにより，正の原子核とそれをとりまく負の電子が逆方向に変位することにより生じる分極を**電子分極**という（**図6·2**(a)）．すべての物質は原子から構成されているので，すべての物質で観測され，原子半径や原子番号が大きいほど分極しやすくなる．また，軽い電子の動きによるため，電界の変化に対する電子分極の追随は速く，可視光から紫外光の周波数領域にまで追随する．光の領域では屈折率nと比誘電率の間には$n^2 = \varepsilon_r$の関係がある．

〔**2**〕**原子分極** ■ ■ ■

イオンから構成される固体では，印加電界により正のイオンと負のイオンが逆方向に変位し，分極を生じる（図6·2(b)）．これを**原子分極（イオン分極）**と呼ぶ．電子に比べ重いイオンが変位するため，電子分極より追随は遅く，追随速度の上限は赤外線の周波数領域に対応する．

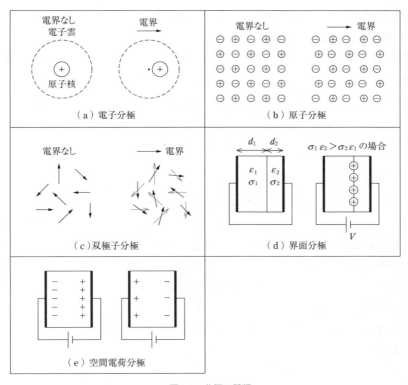

（a）電子分極　　　　（b）原子分極

（c）双極子分極　　　　（d）界面分極

（e）空間電荷分極

● **図6・2** ● 分極の種類

〔3〕双極子分極 ■ ■ ■

　分子や分子の中の原子の集団において，原子間の結合の関係で電荷の片寄りが生じている場合がある．このような電界に無関係に存在している電荷の片寄りを**永久双極子**という．永久双極子を持つ分子を**有極性分子**という．このような分子からなる物質では，電界が印加されない状態では，これらの永久双極子は熱運動のためランダムな方向を向いているため，全体としては電荷の片寄りはなくなり，合計の分極は0である．電圧が印加されると，永久双極子が電界方向に回転（配向）しようとし，熱運動とのつりあいで，材料全体として分極が生じる（図6・2（c））．このような分極を**双極子分極**と呼ぶ．分子や原子団の回転を伴うため，電界の変化に対する追随は，原子分極より遅くなる．双極子の回転（配向）による分極と，電子分極や原子分極のように電子や原子が変位することによる分極とを区別して，

前者を**配向分極**，後者を**変位分極**と呼ぶこともある．

〔4〕界面分極と空間電荷分極　■■■

　誘電材料層が複数の異種の誘電材料から構成されている場合には，誘電体材料−誘電体材料界面にシート状の電荷が現われることがある．このような場合を**界面分極**という．図6・2(d)のように，誘電率，導電率，厚さがそれぞれε_1，ε_2，σ_1，σ_2，d_1，d_2，の2種の誘電材料1，2から構成される場合には，電圧Vを印加することにより，定常状態では界面に単位面積当たり

$$\frac{\sigma_1 \varepsilon_2 - \sigma_2 \varepsilon_1}{\sigma_1 d_2 + \sigma_2 d_1} V \tag{6・1}$$

の真電荷が蓄積し，両誘電体材料層の電界が変歪される．

　単一の誘電体材料においても，電荷キャリヤとなる電子やイオンが存在する場合，電圧を印加することにより，正電荷は陰極側へ，負電荷は陽極側へ移動し，電荷分布の片寄り（空間電荷）を生じることがある．また，電極から注入された電荷が電極付近にとどまり空間電荷を形成する場合もある．これらも一種の分極となり，**空間電荷分極**と呼ばれる（図6・2(e)）．

　界面電極，空間電極では，一般に電荷キャリヤの長距離の移動を伴うので，電界の変化に対する追随は遅い．

●**3**● 分極の速さと緩和時間

〔1〕直流電圧に対する分極の応答　■■■

　誘電材料に直流電圧を印加すると，すべての分極がただちに形成されるのではなく，図6・3のように分極の種類に応じた速度で形成される．電子分極や原子分極はほぼ瞬時に形成されるが（**瞬時分極**），配向分極では永久双極子の回転に対して周囲の分子からの抵抗があるため，分極は徐々に形成される．個々の永久双極子は互いに独立に回転するため，配向分極の大きさP_dの変化速度はまだ回転していない双極子の数に比例する（$dP_d/dt = (P_{d\infty} - P_d)/\tau$，$P_{d\infty}$は配向分極の最終値）．したがって，配向分極は$1 - \exp(-t/\tau)$に比例して増加する．この$\tau$を**緩和時間**と呼ぶ．一般に緩和時間は$\tau = \tau_0 \exp(H/k_B T)$と表され，$H$は回転の際に乗り越えるエネルギー障壁に対応しており，活性化エネルギーと呼ばれる．分極が形成される過程で流れる電流を**充電電流**または**吸収電流**と呼ぶ．

　直流電圧を取り除いた場合には，電子分極と原子分極はほぼ瞬時になくなるが，

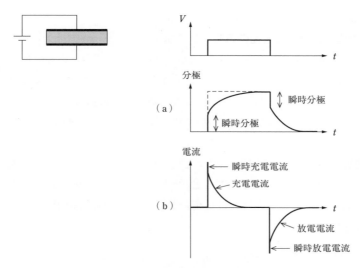

（a）

（b）

●**図6・3**●直流電圧印加時の分極の振る舞い

配向分極は$\exp(-t/\tau)$に比例して徐々に消えてゆく．この過程で流れる電流を**放電電流**と呼ぶ．電荷キャリヤが存在し，空間電荷分極が生じるような場合には，電子分極，原子分極，配向分極に加えて空間電荷分極が重なる．空間電荷分極は電荷キャリヤの長距離の移動を伴うため，一般に遅い変化をする．また，電子分極，原子分極，配向分極の変化が可逆的に起きるのに対し，空間電荷分極では誘電体内部の電界の変化を伴うため可逆的でない場合が多い．

　配向分極の最終値$P_{d\infty}$は$n_d\mu_d \mathrm{L}(\mu_d E/k_\mathrm{B}T)$で表される．ここで，$n_d$は永久双極子の密度，$\mu_d$は永久双極子のモーメントである．また，$\mathrm{L}(x)=\coth x-1/x$は**ランジュバン関数**と呼ばれ，$x\ll1$の場合には$\mathrm{L}(x)=x/3$と近似される（**図6・4**）．通常の永久双極子では$\mu_d E/3k_\mathrm{B}T\ll1$であるので，$P_{d\infty}$は$n_d\mu_d^2 E/3k_\mathrm{B}T$となり，電界に比例する．これを用いると，配向分極による分極$P_d(t)$は$P_d(t)=$

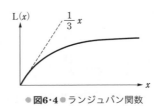

●**図6・4**●ランジュバン関数

$n_d \mu_d{}^2 E / 3 k_B T (1 - \exp(-t/\tau))$ と表される．

〔2〕交流電圧に対する分極の応答 ■■■

〔1〕で述べた配向分極による分極 $P_d(t)$ はステップ的な電界変化 E に対するステップ応答である．これを利用して，大きさ1のインパルスに対する応答を求めると，$(n_d \mu_d{}^2 / 3 k_B T \tau) \exp(-t/\tau)$ となる．この関数は**余効関数**とも呼ばれる．ステップ応答とインパルス応答の関係については，本シリーズ「電気回路Ⅱ」などを参照されたい．

余効関数を用いて，交流電圧に対する分極の応答を求める．交流回路論のように複素数領域で正弦波交流電界 E^* を $Ee^{j\omega t}$ と表し，正弦波交流電界に対する分極の応答を考える．定常状態における配向分極による分極も複素数 $P_d{}^*$ で表され，以下のように求められる．

$$P_d^* = \frac{n_d \mu_d^2 E}{3 k_B T \tau} \int_{-\infty}^{t} e^{j\omega t'} e^{-(t-t')/\tau} dt'$$

$$= \frac{n_d \mu_d^2}{3 k_B T} \frac{1}{1 + j\omega\tau} E^* \tag{6・2}$$

これを用いて，比誘電率も複素数で

$$\varepsilon_r^* = \varepsilon_r' - j\varepsilon_r'' \tag{6・3}$$

$$= \varepsilon_{r\infty} + \frac{\varepsilon_{r0} - \varepsilon_{r\infty}}{1 + j\omega\tau} \tag{6・4}$$

と表される（複素誘電率）．ここで，$\varepsilon_{r\infty}$ は電子分極や原子分極のように瞬時に形成される分極による成分，ε_{r0} は直流電圧を印加した際に最終的に形成される分極によるものであり，$\varepsilon_{r0} - \varepsilon_{r\infty}$ は配向分極等の徐々に形成される分極による成分である．ε_r'，ε_r'' は，それぞれ

$$\varepsilon_r' = \varepsilon_{r\infty} + \frac{\varepsilon_{r0} - \varepsilon_{r\infty}}{1 + \omega^2\tau^2} \tag{6・5}$$

$$\varepsilon_r'' = \frac{(\varepsilon_{r0} - \varepsilon_{r\infty})\omega\tau}{1 + \omega^2\tau^2} \tag{6・6}$$

となる（**デバイの式**）．これより

$$\left(\varepsilon_r' - \frac{\varepsilon_{r0} - \varepsilon_{r\infty}}{2} \right)^2 + \varepsilon_r''^2 = \left(\frac{\varepsilon_{r0} - \varepsilon_{r\infty}}{2} \right)^2 \tag{6・7}$$

となり，ε_r'，ε_r'' は**図6・5**のように円弧の関係を示すことになる．実際の誘電体

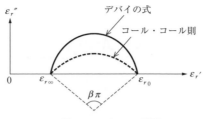

●図6・5● ε_r' と ε_r'' の関係

材料では完全な円弧とならず，円弧の一部（**コール・コール則** $\varepsilon_r{}^* = \varepsilon_{r\infty} + (\varepsilon_{r0} - \varepsilon_{r\infty})/(1 + (j\omega\tau)^\beta)$ $(0 < \beta < 1)$，図6・5破線），あるいはさらに変形した形を示す場合が多い．

複素比誘電率 $\varepsilon_r{}^*$ の誘電体材料で満たされた容量 C $(= \varepsilon_r{}^* C_0)$ のキャパシタに交流電圧 $V^* = Ve^{j\omega t}$ が印加された場合に流れる電流 I^* は

$$I^* = \frac{dCV^*}{dt}$$

$$= j\omega(\varepsilon_r' - j\varepsilon_r'') C_0 Ve^{j\omega t}$$

$$= j\omega\varepsilon_r' C_0 Ve^{j\omega t} + \omega\varepsilon_r'' C_0 Ve^{j\omega t} \tag{6・8}$$

となり，位相が電圧より90°進んだ容量性の成分だけでなく，電圧と同相の損失成分を含む．ここで複素比誘電率の虚数部と実数部の比を $\varepsilon_r'' / \varepsilon_r' = \tan\delta$ と表すと，損失電流の大きさは容量性の電流の $\tan\delta$ 倍になり，キャパシタに流れる全電流の位相は容量性の電流より δ だけ遅れることになる．この $\tan\delta$ を**誘電正接**，δ を**誘電損角**と呼ぶ．

〔3〕**誘電率の分散** ■ ■ ■

これまでのことを総合して，周波数と誘電率の関係は**図6・6**に示すようになる．この誘電率のように物質定数の値が周波数により変化することを**分散**という．可視光の領域より高い周波数では電子分極しか追随できないため電子分極による成分のみである．周波数が下がるに従い，主に赤外線領域で原子分極の成分が，電波領域で配向分極の成分が加わる．さらに低周波で空間電荷分極が加わることもある．電子分極や原子分極では，電子雲やイオンの振動が電界の振動と共鳴を起こすため，ε_r' に極大と極小を生じる（**共鳴形**）．また，このときエネルギーの吸収が起きる．一方，配向分極では緩和時間で記述されるような現象であるので共鳴は起きず，配向が電界の変化に追随できなくなる周波数付近でエネルギーの損

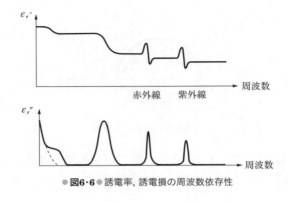

●**図6·6**● 誘電率，誘電損の周波数依存性

失が起きる（**緩和形**）．空間電荷分極では電気伝導による損失を生じる．配向分極
の損失を利用して，誘電材料に高周波やマイクロ波を照射することにより加熱す
ることができる．これを**誘電加熱**といい，木材の乾燥などの産業用オーブンや電
子レンジに利用されている．

　また，一般に配向分極や空間電荷分極では，永久双極子の回転や電気伝導の温
度依存性が大きいため，分散関係も一般に大きな温度依存性を示す．

◦**4**◦ 誘電材料の種類と応用

〔1〕誘電体の種類 ■■■

　誘電材料は一般に電気伝導性が無視できるほど小さい材料で，その種類は大変
多い．電気・電子材料としては，電気絶縁性能を利用してキャパシタの誘電体，
電線・ケーブルや変圧器のような電力機器や半導体デバイスなどにおける絶縁材
料として広く用いられる．

　コンデンサの絶縁材料としては，ポリエチレンテレフタレート（Polyethylene
terephthalate，PET），ポリスチレン（Polystyrene，PS），ポリプロピレン
（Polypropylene，PP）など，種々の材料が用いられる．また，コンデンサの容量
を増加させるため，絶縁層の厚みを薄くする工夫がなされている．電解コンデン
サでは，例えばアルミニウム電極の表面に化学処理により酸化物薄膜を形成し，
これを絶縁層として，電解液でコンタクトがとられている．電気二重層キャパシ
タでは，電極界面において電解液中に形成される電気二重層を誘電体層としてい
る．この電気二重層がナノメータ・オーダーと大変薄いことと，電極として表面

積の大きい活性炭を用いることにより，大きな静電容量を実現している．また，半導電性の粒子からなるセラミックスで，粒子間の絶縁層や電極との間に形成される空乏層を薄い絶縁層として利用して，見かけの誘電率を向上させるものもある（半導体セラミックコンデンサ，粒界（BL, boundary layer）コンデンサ）．

電線・ケーブルの絶縁材料としてはポリ塩化ビニル（Polyvinyl Chloride, PVC），架橋ポリエチレン（Crosslinked Polyethylene, XLPE）などがよく用いられる．半導体素子の絶縁層としてはSiO$_2$が代表的である．また，光領域での誘電率（屈折率）やその非線形性などを利用して光学用材料，非線形光学材料としても利用される．電気絶縁性の詳細に関しては7章で，光学的応用に関しては10章で解説する．

〔2〕 高誘電率材料，低誘電率材料 ■■■

通信や情報処理の分野で信号処理の高速化やデバイスの微細化に伴い，絶縁材料に関する要求が厳しくなってきている．例えば，MOSFETのゲート酸化膜の厚みの減少に伴う漏れ電流増大の抑制，配線間の浮遊キャパシタンスによる信号遅延の防止が求められている．ゲート酸化膜については，漏れ電流の増加をもたらさない程度の厚みを確保しつつ必要な容量を実現する必要がある．これには誘電率の高い材料（**high-k材料**と呼ばれる）が必要である．一方，信号遅延を抑えるには配線間の容量を抑制する必要があり，これには誘電率の低い材料（**low-k材料**と呼ばれる）が求められている．高誘電率材料としては，HfO$_2$などが，低誘電率材料としては，SiO$_2$の元素の一部をFやCで置換した材料，空洞を含んだポーラス材料，有機系の材料などがある．

〔3〕 強誘電体 ■■■

通常の誘電体は，電界が加わったことにより分極が形成されるが，電界が加わっていなくても分極が形成されている材料もある．このような材料を**強誘電体**と呼ぶ．

図6・7は代表的な強誘電体であるチタン酸バリウムBaTiO$_3$の結晶構造とc軸方向の**自発分極**の温度変化を示す．結晶構造は温度により変化し，120℃以上では立方晶形となり自発分極を示さないが，120℃以下では，Ti^{4+}イオン，Ba^{2+}イオンが対称位置からずれた状態となり自発分極を示す．このような自発分極が消滅する温度を**キュリー温度**と呼ぶ．キュリー温度より上の常誘電相での比誘電率ε_rは**キュリー・ワイスの法則**

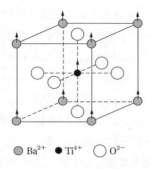

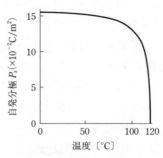

Ba²⁺ ●Ti⁴⁺ ○O²⁻

（a） チタン酸バリウム BaTiO₃ の結晶構造　　　（b） 自発分極の温度変化

◉図6・7◉チタン酸バリウムの結晶構造と自発分極

で表される．ここで，Cは定数，T_0はキュリー温度より少し低い温度である．

$$\varepsilon_r = \varepsilon_{r\infty} + \frac{C}{T - T_0}$$

　強誘電体の分極と電界の間には，**図6・8**のようなヒステリシスの関係がある．図のP_sを**自発分極**と呼ぶ．電界をゼロにしたときに残る分極を**残留分極**P_r，これをゼロにするのに要する逆方向の電界を**抗電界**E_cと呼ぶ．強誘電体の内部には自発分極を持つ小さな領域（ドメイン）が多数存在し，点Oでは，それぞれのドメインの自発分極がランダムな方向を向いているので，総体としての分極は示さない．電界が増加すると，電界方向の自発分極を持つドメインが増大し，電界方向の分極が現れる（図中のA）．電界が十分大きくなると全体が一つのドメインとなり，分極の値は飽和する（図中のB）．電界が減少しゼロになっても分極P_rが残

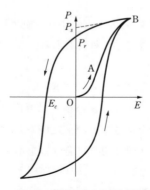

●図6・8● 強誘電体の分極と電界

るのは，ドメインが再配列する際のドメインの壁の移動にエネルギーが必要であることによる．

　強誘電体としては，$BaTiO_3$ と同種の結晶構造（ペロブスカイト形）を持つ $SrTiO_3$，$PbTiO_3$，$LiNbO_3$ などや，KH_2PO_4，KD_2PO_4，PbH_2PO_4 などの KDP 属，ロッシェル塩などがある．また，強誘電体の応用として，誘電率の大きいことを利用したキャパシタ，電界がゼロでも分極が残ることを利用した不揮発メモリ（FeRAM）などがある．

〔4〕**圧電性，焦電性** ■■■

　結晶に電界を加えると分極が生じるが，この過程はイオンの変位を伴うので，結晶にひずみが生じる．これを**電歪**という．逆に結晶にひずみを加えると分極が発生することがある．このような性質を**圧電性**と呼ぶ．結晶構造が対称中心を持つ材料ではひずみが生じても分極は生じないが，対称中心を持たない材料では分極が生じ，圧電性を示す．

　圧電性を示す材料には，$BaTiO_3$，PZT（$PbTiO_3$ と $PbZrO_3$ の固溶体），水晶，ZnO などの無機物のほか，高分子のポリフッ化ビニリデン（Polyvinylidene Fluoride，PVDF）などもある．圧電性の応用として，センサ，超音波振動子，圧電着火装置，水晶発振子，スピーカなどがある．また，高分子の PVDF などはフレキシブルであることなどを活かして，エレクトレットとしてスピーカ，マイクロフォン，超音波プローブなどに応用されている．

　温度変化に伴い自発分極に変化を生じる誘電体もある．このような性質を**焦電性**という．焦電性を示す材料として，$LiNbO_3$，PZT，PVDF などがあり，焦電性の応用として，赤外線センサなどがある．

ま　と　め

- 誘電材料に電界を加えると分極が生じる．これにより，誘電率は真空の誘電率の比誘電率の ε_r 倍になる．
- 分極には，電子分極，原子分極，配向分極，界面電極，空間電荷分極の種類がある．
- これらの分極は，それぞれ異なる周波数にまでしか追随できないため，誘電率などに分散関係が現れる．
- 交流電界に対する応答は複素誘電率 $\varepsilon_r{}^* = \varepsilon_r{}' - j\varepsilon_r{}''$ で表現され，損失は誘電正接 $\tan\delta = \varepsilon_r{}''/\varepsilon_r{}'$ で表される．
- 誘電体材料には，気体，液体，固体，無機，有機にわたり多くの種類があり，その特性に応じて，電力機器，電子デバイス，コンデンサなどでの絶縁体として広く利用されている．
- 電界がなくても自発分極が存在する強誘電性，ひずみにより自発分極を生じる圧電性，温度変化に伴い自発分極が変化する焦電性があり，メモリ，センサ，発振子などに応用されている．

演 習 問 題

問1　電子分極において，電荷 $+q$ の原子核の周りを半径 R の一様な電荷密度の電子雲が取り巻いていると考え，印加される電界 E とそれにより誘起される双極子モーメント μ_e の間の関係を求めよ．μ_e/E を電子分極率と呼ぶ．

問2　定常状態での電流連続の条件を用いて，界面分極の式 (6·1) を導け．また，このとき各電極上の真電荷を求めよ．

問3　配向分極の最終値 $P_{d\infty}$ が $n_d m_d \mathrm{L}(m_d E/k_\mathrm{B}T)$ で表されることを示せ．
（ヒント：電界 E と角度 θ をなす双極子のポテンシャルエネルギー U は $-\mu_d E\cos\theta$ となり，双極子の配向はマクスウェル・ボルツマン分布に従う）

問4　ランジュバン関数 $\mathrm{L}(x) = \coth x - 1/x$ は，$x \ll 1$ の場合には $\mathrm{L}(x) = x/3$ と近似されることを示せ．

7章
絶縁材料とその性質

前章で述べたように，誘電・絶縁材料の電気的性質には誘電性と電気絶縁性の二つが同時に存在している．このうち，特に電気絶縁性に注目して材料を使用するときに"絶縁材料"の名前が用いられる．あらゆる電気・電子機器および部品を使用するためには導体間の電圧を維持することが必要不可欠であり，この役割を担っているのが電気絶縁性である．また，絶縁材料に要求される性能は電気絶縁性だけではなく，導体を支持するための機械的強度，導体に発生するジュール熱に耐える耐熱性や熱を逃がすための熱伝導性，各種の化学物質に耐える耐薬品性なども同時に重要である場合が多い．本章では，現在使用されている各種絶縁体の紹介を行うとともに，絶縁体の電気伝導および絶縁破壊現象について説明する．

●1● 絶縁材料としてはどのようなものが使われているか

絶縁材料は，気体，液体，固体およびそれらの複合体で構成される．絶縁材料の基本的使命は電気を通さないことと高電圧に耐えることの二つであるが，固体絶縁材料の場合は導体を支持する構造材としての役割を同時に担うことも多い．

空気は自然が与えた誠に便利な気体絶縁材料である．送電線を見ればわかるように，何もしないで導体を絶縁してくれている．ただし，送電線を支えているのはがいしと呼ばれる固体絶縁材料であり，電気絶縁性に加え，電線の重さ，風雪による加重に耐える機械的強度はもちろん，汚損，塩害や酸性雨などに耐える耐汚損性，耐食性や耐薬品性なども要求される．絶縁油は機器の温度上昇を抑えるための放熱性がよいことから，変圧器の絶縁において紙との**複合絶縁**の形で使用されている．この場合，複合絶縁とすることにより，絶縁油または紙単体の場合に比べより高い絶縁性能が得られることは興味深い．合成高分子は成形性に優れると同時に電気絶縁性能にも優れ，現在最も多く使用されている固体絶縁材料である．

高電圧機器のみならず，電子機器に使用される半導体などにおいても絶縁技術

は重要である．使用電圧は低くても絶縁距離が極めて短いため，その使用電界は高電圧機器より高くなる場合が多い．現在，シリコン系半導体が多く使用されているのは，シリコンを酸化するだけでSiO_2という優れた絶縁性能を有する絶縁材料が得られることが理由の一つである．

表7·1に各種電力機器・部品，**表7·2**に各種電子機器・部品に使用されている代表的な絶縁材料を示す．

●**表7·1**● 電力機器用絶縁材料

機　器	部　品	使用目約	主な絶縁材料
回転機 （交流）	固定子コイル	素線絶縁	マイカテープ, ガラス繊維
	固定子鉄心	鉄心絶縁	ワニス
	界磁コイル	段間絶縁	マイカシート, ポリエステル
回転機 （直流）	電機子コイル	素線絶縁, 溝絶縁	マイカテープ, アラミド紙
		胴絶縁	ガラス繊維, ワニス, マイカ
	界磁コイル	素線絶縁	マイカテープ, ガラス繊維
		層間絶縁	マイカ, PTFE
変圧器	コイル	素線絶縁	クラフト紙, アラミド紙
		主絶縁, 鉄心絶縁	プレスボード, アラミド紙
	ブッシング	屋外絶縁	セラミックス, シリコーンゴム, ガラス繊維
	その他	含浸剤	絶縁油
電力用 コンデンサ	コンデンサ	誘電体	クラフト紙, ポリプロピレン
		含浸剤	鉱油, アルキルナフタレン
電力用 ケーブル	CV ケーブル	主絶縁	架橋ポリエチレン

●**表7·2**● 電子機器部品用絶縁材料

種　類	細　目	絶縁材料
配線用電線	被覆材	低密度ポリエチレン, ポリビニルクロライド
コンデンサ	誘電体	ポリエチレンテレフタレート, ポリプロピレン, ポナステレン, $BaTiO_3$, TiO_2
プリント基板	テレビ	紙フェノール
	ビデオカメラ	ガラスエポキシ
	コンピュータ	ガラスポリイミド, ガラスセラミックス
半導体素子	封止材	エポキシ, アクリル, 低融点ガラス
	層間絶縁	ポリイミド
	ゲート絶縁	SiO_2, Si_3N_4, HfSiON

◉**2**◉ 絶縁材料中を電気はどのように流れるのか

　絶縁物といえども極わずかの電流が流れる．電圧を上げていくと，ある電圧までは電流は電圧にほぼ比例して増加する．この領域で流れる電荷は熱解離したイオンが主体と考えられている．さらに電圧を上げていくと，電流は電圧に対して比例以上の非線形な上昇を示し(**高電界電気伝導領域**)，最後に電流が急激に増大して絶縁破壊に至る．この電圧を**絶縁破壊電圧**，この電圧を絶縁物の厚さで割って電界で表し，**絶縁破壊の強さ**という．

　高電界電気伝導領域における電流の急増の原因としては，電荷の密度または移動度の電界による増加，ならびに内部電界の分布の変化がある．電荷密度の増倍過程には電極からの電荷放出とバルク内部での電荷増加がある．電極から絶縁体へ電子が放出される過程としては，電極における鏡像力効果を考慮して電荷放出に対するバリヤの電界による低下を論じたショットキー効果による熱電子放出と量子力学的トンネル効果により電子がバリヤをすり抜ける過程を論じたトンネル放出がある．

　一方，バルク内部の電荷増倍過程としては内部ショットキー効果とも呼ばれる**プール・フレンケル効果**による電子性電荷の増大，イオンの熱解離における電界による助長を論じた電界解離による増大，電子なだれによる衝突電離に基づく増大などがある．電荷移動度の電界に対する非線形増倍過程の代表例としてはイオンの熱エネルギーによるホッピング移動に対するバリヤの電界による低下を論じた**イオンホッピング電導**の考え方がある．この考え方に寄れば，低電界においてはオーム則に従い電流が増加し，高電界では非線形的に電流が増加することを理解することができる．電荷密度または移動度の電界による増加がない場合でも，材料内部の電界分布の変化によって電流が非線形な増加を示す例としては**空間電荷制限電導**がある．この理論によれば，電流が電圧の2乗に比例することを導くことができ，チャイルド則と呼ばれている．

◉**3**◉ 絶縁材料はどのように破壊するのか

　絶縁材料が電気的に破壊を起こすと機器の機能が失われ，事故を引き起こす．絶縁破壊の強さ(絶縁破壊電界)は絶縁物の種類によって異なることはもちろんであるが，温度，圧力，電圧波形，電圧印加時間，電極の形状などの影響を受ける．

絶縁材料には，気体，液体，固体およびそれらの複合体があるが，その絶縁破壊の強さは気体，液体，固体の順に大まかに1桁ずつ高くなる．以下，気体，液体，固体の順に絶縁破壊の考え方を述べる．

〔1〕気体の絶縁破壊 ■■■

　気体絶縁材料である空気に電圧を印加すると，**図7·1**に示すように，最初は電圧にほぼ比例して電流が増加し，次いで飽和領域が現れ，その後，電流が急増して絶縁破壊に至る．大気中では宇宙線や自然放射能により極わずかの分子が常に電離しており，これらは拡散や再結合により失われ，バランスを保っている．領域Aではこのイオン密度はほぼ一定であり，電界によるイオンの移動（ドリフト）速度により制限された電流がオーム則に従って流れる．電圧の上昇によりイオンの移動速度が増し，電極間で生成されたイオンが再結合することなく，すべて電極に到達するようになると，イオンの生成速度で律速された**飽和電流**が流れる領域Bが現れる．大気中での飽和電流密度は10^{-17} A/cm^{2}ほどである．さらに電圧が上昇すると，電流の急増領域Cが現れ，その後，絶縁破壊に至る．

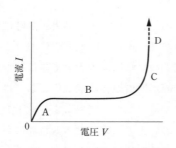

●**図7·1**● 気体の平等電界における導電特性

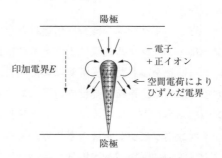

●**図7·2**● 電子なだれ中の電荷の分布

　この電流の急増領域Cでは，電界によって加速された電子による中性分子の**衝突電離**が連続して起こり（**電子なだれ（図7·2）**），電荷の急増を生じる．しかし，電子なだれにより電流は増大するものの，なだれの初期電子の生成が宇宙線や自然放射能による偶発現象に依存している限り，これらは単発的にしか発生しない．放電が持続的に起こるためには，なだれの初期電子が持続的に発生するための新たな条件が必要であり，これが**γ作用**である．γ作用としては，なだれにより生成された正イオンの陰極への衝突による2次電子放出，励起や再結合に伴う光子放出の結果生じる陰極の光電効果による電子放出，準安定分子の陰極への衝突に

伴う電子放出などが考えられている．以上の電子なだれ破壊過程は理論の提唱者にちなんで**タウンゼント放電**と呼ばれている．

　タウンゼント放電では，電極間の火花電圧(V)は気体圧力(p)と電極間距離(d)の積(pd)の関数で与えられることが理論的に示され，図7・2に示すように実験的にも確かめられている．pdの減少とともにVも減少するが，あるpdの値で最小値(パッシェンミニマム)を示し，その後は上昇する．このグラフの曲線を**パッシェン曲線**という．パッシェンミニマムの右側では，pが小さくなると電子の衝突間の平均距離(平均自由行程)が大きくなり，電子が衝突電離に必要なエネルギーを得やすくなるため，火花電圧が低くなる．または電極間隔dが小さくなるため火花電圧も低くなる．一方，パッシェンミニマムの左側では，pが小さくなりすぎることにより衝突電離に必要な気体分子の密度も小さくなり，衝突電離が起こりにくくなって，火花電圧が大きくなる．または電極間隔dが小さくなりすぎて電子なだれが十分に発達できないため，火花電圧が大きくなる．

　このようなパッシェンの法則は，圧力pが極端に大きくなく，または小さくなく，dが数十cm以下であれば成立することが知られている．このことは，この領域の火花放電はタウンゼント放電により理解することが可能であることを意味している．

　pdの値がさらに大きくなると，**図7・3**に示すように電子なだれの中の正イオンによる空間電荷電界が無視できなくなり，そこへ向かって局所電子なだれが集中して高密度プラズマが生成することを考えた**ストリーマ放電(図7・4)**が発生し，さらに長ギャップになるとストリーマが集合した**リーダー放電**が発生すると考えられている．

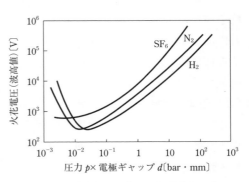

●**図7・3**●各種気体のパッシェン曲線(25℃)

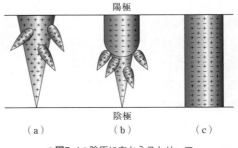

●**図7・4**●陰極に向かうストリーマ

〔2〕液体の絶縁破壊 ■■■■

　液体絶縁材料の絶縁破壊には気体や固体に比べてまだ未知の部分が多く，現在も研究が進められている分野である．これまでに提案されている主な考え方としては，気体や固体と類似の考え方である**電子的破壊**，液体特有の考え方である**気泡を介した破壊**および**浮遊粒子を介した破壊**がある．

　液体絶縁物がよく脱気されていない場合，温度が低くても液体中や電極面に付着した気泡内で電子的破壊が生じて全路破壊に至る場合がある．**図7・5**に示すように，圧力を印加すると液体絶縁材料の絶縁破壊電圧が上昇する事実は気泡を介した絶縁破壊が発生している証拠の一つである．また，液体中に懸濁された不純物微粒子が存在すると，微粒子は静電気力によって電界の強い場所に引き寄せられ集積し，電極間を橋絡して破壊が生じる場合がある．

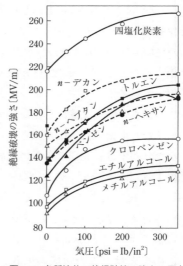

●**図7・5**●各種液体の絶縁破壊の強さの圧力による変化

〔3〕固体の絶縁破壊 ■■■■

　各種高分子材料の絶縁破壊の温度特性を**図7・6**に示す．一般に低温では有極性高分子が無極性高分子に比べて高い絶縁破壊の強さを示す．また，ガラス転移温度で絶縁破壊の強さが低下する傾向を示す．

　固体絶縁材料に関してこれまでに提案されている絶縁破壊の考え方を**表7・3**に示す．これには**短時間破壊**と**長時間破壊**がある．短時間破壊には，大きく分けて電子的破壊，熱的破壊，電気機械的破壊があり，絶縁破壊は

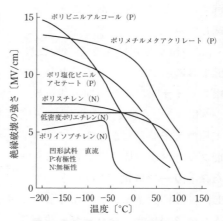

●**図7・6**●各種高分子の絶縁破壊の温度特性
（P：有極性材料，N：無極性材料）

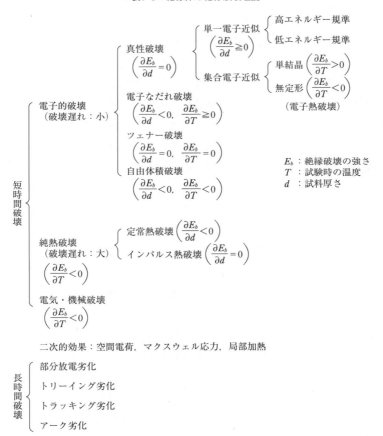

● **表7·3** ● 絶縁体の絶縁破壊理論

短時間で完結する。長時間破壊には，**部分放電劣化，トリーイング劣化，トラッキング劣化，アーク劣化**などがあり，電圧印加とは無関係な**熱劣化，機械的劣化，環境劣化**などもある。短時間破壊の考え方は長時間破壊の基礎過程として関連していることもある。

短時間破壊における**電子的破壊**には，前述した気体と同様の電子なだれ破壊のほか，電子が電界から得るエネルギーと移動中に材料との相互作用により失うエネルギーのバランスの崩れを考えた**真性破壊**，トンネル電流による絶縁破壊を考えた**ツェナー破壊**，高分子中の分子鎖の運動に伴う自由体積の電界方向への連鎖と連鎖した自由体積内での電子の加速を考慮した**自由体積破壊**などがある。

　真性破壊は誘電率などと同様に固体のサイズに依存しない絶縁破壊の強さを与えるが，さらに分類すると，単一電子のエネルギーバランスで近似可能な**単一電子近似**と，電子密度が高くなり電子間相互作用を考慮しなければならない**集合電子近似**とがある．単一電子近似にはさらにすべての電子の電界による加速を考慮した低エネルギー基準とイオン化エネルギー以上の電子の加速を考慮すればよいとした高エネルギー基準とがある．集合電子近似には単結晶材料に対するものとアモルファス材料に対するものがある．後者は電子熱破壊理論とも呼ばれ，伝導帯の電子とトラップ準位に捕まった電子との電子間相互作用を論じている．この理論のみが真性破壊でも絶縁破壊の強さの負の温度依存性を与える点が特徴である．

　次に，**熱破壊**のメカニズムは以下のように考えられる．電圧が印加されると電流が流れ，ジュール熱や誘電体発熱によって固体は温度上昇する．固体の温度はこの加熱と周囲への放熱とのバランスで決まるが，加熱と放熱のバランスが保たれ温度分布が定常状態を保ちながら電圧が増加することによって固体内部温度が徐々に上昇して絶縁破壊にいたる場合を**定常熱破壊**と呼ぶ．定常熱破壊では，単位時間当たりに固体に加えられる熱量はほとんど放熱によって消費される．一方，電圧が急上昇する場合など，加熱に対して放熱が追いつかないときには，固体に加えられる熱量がほとんど固体の温度上昇に使われ，温度は急速に上昇する．この場合は，温度上昇によって電流が増加してさらなる発熱を促し，発熱による温度上昇がさらなる電流の増加をもたらす，といった正帰還作用を通じて加速度的に温度上昇を続け，絶縁物は破壊に至る．これが**インパルス熱破壊**である．

　電気機械的破壊は電圧印加に伴うマクスウェル応力と固体のひずみ応力とのバランスを考えた破壊理論で，融点近くの高分子のように材料が柔らかくなるとこのタイプの破壊が起こりやすい．これに対して，電力ケーブルに用いられている架橋ポリエチレンでは，**図7・7**に示すように，分子鎖の架橋により高温での機械的特性を向上させることにより，融点近くの絶縁破壊特性の改善が認められている．

　なお，実際の絶縁破壊現象においては，周囲媒質における部分放電，伝導電流によるジュール加熱，空間電荷による内部電界の変歪，マクスウェル応力による材料の変形などの各種の周辺効果および**2次的因子**が介在しやすい．これらは絶縁破壊特性を見かけ上変化させ，そのメカニズムの解明を困難にするので，注意する必要がある．

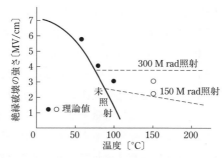

●**図7·7**●ポリエチレンの絶縁破壊の強さに与える電子線照射による架橋の効果

〔4〕**長期絶縁劣化** ■ ■ ■

　実際の絶縁材料においては長時間の使用の間に徐々に劣化が進行し，絶縁破壊事故を起こす場合がある．これが**長期絶縁劣化現象**である．

　絶縁物の性能を損なう大敵は熱である．電気機器，例えば発電機や電動機や変圧器などは導体と磁性体と絶縁材料とから構成されている．一般に電気機器は運転中に温度が上昇し，酸化や熱分解などの化学反応が進行して長年のうちに徐々に変質し，遂に絶縁不良を起こす場合がある．このときが電気機器の寿命となる．この現象を熱劣化と呼び，一般に，10℃高い温度で運転すると，寿命は半減するといわれている．絶縁材料はその耐熱性によって最高使用温度がランク付けされている．**表7·4**はIEC（国際電気標準会議）によって定められている温度範囲で使用が認められている材料である．

　高電圧機器では，絶縁材料の内部に残留している気泡内で発生する微小な部分放電（ボイド放電）や，遮断器などで発生するアーク放電によって生じた電子やイ

●**表7·4**●絶縁材料の耐熱区分（IEC Publication 85, 1984）

耐熱区分	温度範囲〔℃〕	材料例
Y種	＜90	紙，綿，絹，天然ゴム，尿素樹脂，アニリン樹脂
A	＜105	油浸紙，綿，ワニスクロス，フェノール樹脂，エナメル
E	＜120	ポリウレタン，PVF，エポキシ樹脂，PET，アルキド
B	＜130	ガラス繊維，石綿，シェラック，エポキシ，アルキド
F	＜155	アルキド，エポキシ，シリコーン，アルキド
H	＜180	シリコーン樹脂，シリコーンゴム
200℃	＜200	マイカ，アスベスト
220℃	＜220	セラミックス，ガラスPTFE
250℃	＜250	石英

オンの衝撃を受けて材料の内部あるいは表面が侵食されたり炭化されたりする．これを**部分放電劣化，アーク劣化**という．特に材料の表面は汚損されやすく，微小なアーク放電が生じやすくなる．これにより表面に炭化放電路が生じるトラッキング劣化が起こる．また，プラスチックケーブルなどでは部分放電または局部破壊によって材料内に樹枝状に放電通路が進展していく**トリーイング劣化**が発生することもある．トリーイング劣化には**電気トリー**だけでなく，湿度が高い状態で長時間使用していると**水トリー**と呼ばれる水分の集合体が樹枝状に発生する場合もあり，この先端から電気トリーが発生して，最終的な絶縁破壊が発生する場合もある（**図7·8**）．

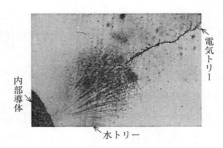

●**図7·8**●電力ケーブルに生じた水トリーと電気トリー

　これまで述べた熱劣化や電気的要因による劣化のほかにも，振動や衝撃などの機械的要因，化学物質，紫外線や放射線などの化学的・環境的要因などによる劣化もある．

ま　と　め

- 誘電・絶縁材料は誘電性と電気絶縁性の二つの性質を有しており，電気絶縁性に注目して使用する場合に絶縁材料と呼ぶ．絶縁材料では電気絶縁性のみならず，機械的強度，耐熱性，熱伝導性，耐薬品性なども要求されることが多い．
- 絶縁材料は，固体，気体，液体およびそれらの複合体の構成で使用され，すべての電気・電子機器および部品に必要不可欠である．また，機器や部品の性能や寿命を支配する場合も多い．
- 固体を流れる電流は高電界になると急増する．そのメカニズムには，ショットキー効果，トンネル効果，プール・フレンケル効果，電界解離，衝突電離，ホッピング電導，空間電荷制限伝導などが関与している．
- 気体の絶縁破壊のメカニズムには，ギャップ長が大きくなるにつれて，タウンゼント放電，ストリーマ放電，リーダー放電がある．タウンゼント放電の領域では絶縁破壊電圧はギャップ長と圧力の積に依存し，パッシェン曲線と呼ばれる特性を示す．パッシェン曲線にはパッシェン・ミニマムと呼ばれる最低値が存在する．
- 液体の絶縁破壊メカニズムは，電子的破壊，気泡を介した破壊，浮遊粒子を介した破壊に大きく分類される．
- 固体の短時間絶縁破壊メカニズムは，電子的破壊，熱的破壊，電気機械的破壊に大きく分類される．電子的破壊はさらに真性破壊，電子なだれ破壊，ツェナー破壊，自由体積破壊に分類される．また，熱的破壊には，極端な場合として，定常熱破壊，インパルス熱破壊がある．
- 実用上重要な長時間絶縁破壊メカニズムには，部分放電劣化，トリーイング劣化（電気トリー，水トリー），トラッキング劣化，アーク劣化などの電気的要因によるもののほかに，熱的要因，機械的要因，化学的・環境的要因によるものなどがある．

演 習 問 題

問1　固体において高電界で電流が急増する機構としてどのような考え方があるか，簡単に述べよ．
問2　気体の絶縁破壊のメカニズムについて簡単に述べよ．
問3　液体の絶縁破壊のメカニズムについて簡単に述べよ．
問4　固体の短時間絶縁破壊のメカニズムについて簡単に述べよ．
問5　固体の長時間絶縁破壊のメカニズムについて簡単に述べよ．

8章
磁性材料の基礎

　磁性材料という言葉から連想されるのは何であろう．まず磁石，あるいは磁石にくっつく鉄であろうか．あるいは，磁性材料の応用としての磁気テープやハードディスクなど，音声や情報を記録するデバイスかもしれない．本章では，磁性材料の磁気的な性質が電磁気学的にどのように表されるか，物質の磁気・磁性はどこから生じるか，磁性体の磁気的な性質はどのように決まるかなど磁性材料の基礎について学ぶ．

●1● 磁性材料はどのような性質を持つ材料か

　誘電体の誘電特性とは，すでに6章で学んだように，誘電体に電界を加えたときに誘電分極が誘導される性質であった．これに対し，材料の磁気特性とは，磁界を加えたときに磁気モーメント(磁気分極)が誘導される性質である．鉄は，磁石からの磁界によって大きな磁気モーメントが生じるので，磁石にくっつくが，アルミニウムは極くわずかな磁気モーメントしか生じないので，磁石に付かない．磁性材料に生じる単位体積あたりの磁気モーメントM，磁界H，磁束密度Bの関係は，真空の透磁率μ_0を用いて

$$B = \mu_0 H + M = \mu H \tag{8・1}$$

で表され，μは**透磁率**，Mは**磁化**と呼ばれる．物質に磁界を加えたときの磁化されやすさは，磁化率χを用いて

$$M = \chi H \tag{8・2}$$

で表される．透磁率μおよび磁化率χをμ_0で割ったものは，それぞれ**比透磁率**μ_rおよび**比磁化率**χ_rと呼ばれ，両者は

$$\mu_r = \mu / \mu_0 = 1 + \chi / \mu_0 = 1 + \chi_r \tag{8・3}$$

の関係にある．鉄のように磁石に付く材料のχ_rは，1より大きな値となるが，磁石に付かない材料のχ_rは，1より大幅に小さい値と考えてよい．磁性材料として，利用されるのは一般的に1より大きなχ_rを持つ材料である．

◉**2**◉ 磁性の起源を考えよう

　よく知られているように，磁石を二つに分割してもやはりN極とS極の磁極を持つ磁石となる．では，どこまで分割しても磁石のままであろうか．また，物質が磁気的性質を持つ物理的起源は何であろうか．

　ループ状の円電流は磁界を作り，磁気モーメントが生じるので，円電流は，磁石と等価であると考えることができる．したがって，原子核のまわりの電子の軌道運動を微小な電流ループと考えれば，これは**磁気**の起源となる．今，**図8・1**に示すように原子核のまわりを1個の電子が時計回りに回っているとしよう．質量を持つ電子の回転運動は角運動量lを伴い，角運動量ベクトルの向きは下向きとなる．一方，電子の時計回りの円運動によって反時計回りの電流が生じていると考えれば，上向きの**磁気モーメント**m_lが生じる．このように電子の円運動によって，角運動量lとともに磁気モーメントm_lが生じ，両者の方向は逆向きとなる．しかし，1つの電子軌道に右回りと左回りの電子が入れば，両者の磁気モーメントは，打ち消し合ってしまう．よって，ある原子が軌道運動によってどのような磁気モーメントを生じるかを知るには，その原子のすべての電子について軌道磁気モーメントの総和をとる必要がある．さらに電子は，上向きと下向きの2つの自由度のあるスピンという角運動量sを持っている．電子の持つスピンを古典的に有限の広がりを持つ荷電粒子の自転と考えれば，これはスピン磁気モーメントm_sの起源となる．スピンについても**図8・1**に示すようにスピン角運動量sとスピン磁気モーメントm_sは，逆方向である．以上より，ある原子の持つ原子磁気モーメントは，すべての電子の軌道磁気モーメントとスピン磁気モーメントの総和となる．シュレーディンガー方程式を解くことで得られる3つの量子数，すなわち主量子数，軌道角運動量量子数，磁気量子数で決定されるそれぞれの電子軌道にどのような順番で，電子が入るかについては，フントの法則によって決められることが知られている．この法則より，Co，Feなどの3d電子を持つ遷移金属イオンや，GdやNdなどの4f電子を持つ希土類イオンが原子磁気モーメントを持つことが導かれる．

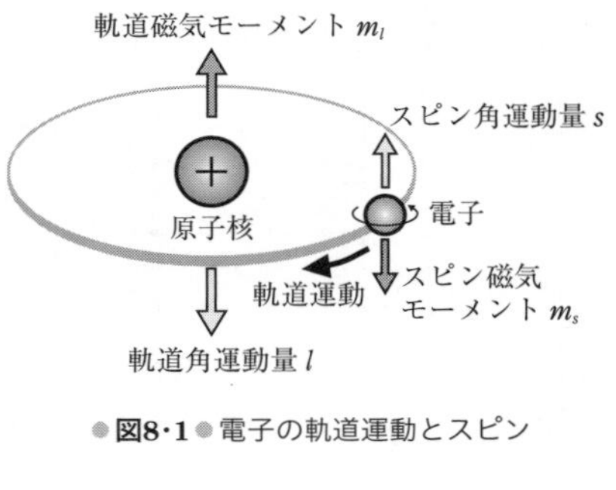

●**図8・1**● 電子の軌道運動とスピン

●**3**● 常磁性とフェロ磁性は何が違う

　原子磁気モーメントを持つ原子が集まれば，かならず強い磁性を示すであろうか．ある物質が原子磁気モーメントを持つ原子を多く含んでいても，これらの原子の磁気モーメントが外部からの磁界によって，同じ方向に揃わなければ，Feのような強磁性とはならない．しかし，室温では，熱振動のエネルギーが磁界方向に向こうとする原子磁気モーメントの向きを常にかき乱そうとする．隣り合う原子磁気モーメントの向きを揃えようとする相互作用が特に存在しない場合，室

温における原子磁気モーメントの向きは，熱振動によって**図8·2**に示すようにランダムな方向となる．このような物質を**常磁性体**という．常磁性体は，磁界を加えると，わずかではあるが各原子の磁気モーメントの方位の平均値が磁界方向に向くので，比磁化率 χ_r は，$10^{-5} \sim 10^{-2}$ 程度の正の値を示す．また，このとき磁化率 χ と絶対温度 T には

●**図8·2**●常磁性

$$\chi = \frac{C}{T} \tag{8·4}$$

の関係が成立し，これは**キュリーの法則**と呼ばれる．

　熱振動に逆らって原子磁気モーメントを一方向に揃えるためには，電磁石では得られないような非常に強い磁界が必要となるが，強磁性体の原子近傍には，磁気モーメントの向きを揃えようとする非常に大きな分子磁界が仮想的に存在すると考え，強磁性体の性質を解き明かしたのがワイスによる分子場理論である．この理論により，磁化 M の温度変化などがほぼ説明できるようになったが，分子磁界は，どこから来るかという謎が残る．これは，ハイゼンベルクにより，電子のスピンとスピンの間に働く交換相互作用にあることが明らかにされている．**図8·3**(a)に示すように原子磁気モーメントがすべて一方向に揃っている物質を**フェ**

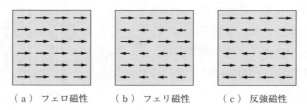

　（a）フェロ磁性　　（b）フェリ磁性　　（c）反強磁性

●**図8·3**●さまざまな磁性

口磁性体という．フェロ磁性体は，温度上昇とともに熱エネルギーによって，原子磁気モーメントの方向が乱されて磁化の値が低下し，ある温度で磁性が失われる．この温度は，キュリー温度と呼ばれる．

4 フェリ磁性，反強磁性および反磁性について学ぼう

物質中に2種類の原子磁気モーメントを持った原子が存在し，それらの磁気モーメントが図8・3(b)に示すように互いに反対方向を向いている物質がある．2種類の原子の磁気モーメントの大きさが異なっている場合には，全体として強い磁性を示す．このような物質は，**フェリ磁性体**と呼ばれる．フェリ磁性体は，2種類の磁気モーメントがそれぞれ異なった温度依存性を有するため，全体としてさまざまな温度特性を示す．特に**図8・4**に示すように，低温では大きいが，温度上昇とともに早く低下する磁気モーメントM_Aと，低温では小さいが，高い温度まであまり低下しない磁気モーメントM_Bを持つ場合には，ある温度で二つの磁気モーメントが等しくなって磁化がゼロとなり，温度を上げると再び磁化が現れる．この磁化がゼロとなる温度は**補償温度**と呼ばれ，このような特性は光磁気記録に利用されている．

一方，隣り合う同種の原子の磁気モーメントが図8・3(c)のように反平行に配列する場合には，全体としては磁気モーメントが打ち消し合って磁化は現れない．このような材料を**反強磁性体**という．従来は磁石に付かない反強磁性体が，磁性材料として利用されることはほとんどなかった．しかし，近年は，反強磁性層と強磁性層を交換結合させたスピンバルブ構造において，強磁性層の磁性を制御するために利用されている（9.7節を参照）．

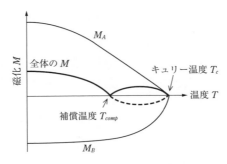

●**図8・4**● フェリ磁性体の磁化の温度特性の例

　以上，原子磁気モーメントを持つ元素を含む材料の磁性について述べてきたが，これらの元素を含まない物質は，全く磁気的な性質を示さないのであろうか．コイルに磁石を近づけると，ファラデーの法則により，その磁束変化を打消す方向に電流が流れる．古典的で正確な表現とは言えないが，同様に電子軌道に磁界を加えると，その磁束変化を妨げるように電子の角速度が変化する．すなわち，加えた磁界方向と逆方向の磁気モーメントが誘起される．この加えた磁界と逆向きに磁気モーメントが生じる性質は**反磁性**と呼ばれる．したがって，すべての物質には，バックグラウンドとして反磁性が備わっている．反磁性の大きさは，非常に小さく，比磁化率は，$-10^{-6} \sim -10^{-5}$程度の値である．しかし，反磁性を示すガラス基板上に100 nm厚程度の強磁性金属の薄膜を蒸着し，磁化曲線を測定すると，薄膜に比べてガラス基板のほうが，10^4倍程度体積が大きいので，反磁性の影響が明瞭に観察される．

◉**5**◉ 磁性体の内部構造を知ろう－磁区構造と磁壁－

　磁石のように常に一端がN極，もう一端がS極となっている強磁性材料がある一方で，Feのように磁石に近づければ磁化するのに，単体では，磁石としての性質を示さない強磁性体があるのはなぜであろうか．これまでの説明から，磁石の場合には，その中に含まれる原子磁気モーメントがスピン間に働く交換相互作用で，一方向に揃っているためとわかる．では，Feは，磁界を加えないと磁気モーメントが揃わないのかといえば，そうではなく，Feもミクロな領域をみると磁気モーメントが揃っているが，**図8·5**に示すように，それぞれランダムな方向に磁化した微小な領域に分かれているため，全体としては磁化がないように見えるだけである．この磁気モーメントが揃った小さな領域を**磁区**といい，磁区と磁区の境界を**磁壁**という．磁区や磁壁の性質を理解することは，磁性材料の応用上，非常に重要である．磁壁の構造について考える前に磁区構造に大きな影響を及ぼす磁気異方性について述べよう．

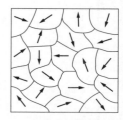

◉**図8·5**◉磁区構造

◉**6**◉ 応用するうえで重要な性質－磁気異方性－

　磁石に外部から磁界を加えても，容易にその磁化方向を変えることがないのは，なぜであろうか．それは，強磁性体には磁化が特定の方向を向きたがる性質，すなわち**磁気異方性**が備わっているためである．磁気異方性の起源には，さまざまなものがあるが，ここでは，結晶軸の方位に依存する結晶磁気異方性について述べる．例えば，Coは，室温で**図8·6**(a)に示すような六方最密(hcp)構造をとり，c軸方向に磁化しやすい異方性を示す．磁化ベクトルとc軸の角度をθとすると，磁気異方性に関わるエネルギーE_aは

$$E_a = -K_u \cos^2 \theta \tag{8·5}$$

で表される．ここで，K_uは，磁気異方性定数である．この式からわかるように，$K_u > 0$ならば，$\theta = 0°$と$180°$のときに異方性エネルギーE_aは，$-K_u$で最も低くなり，$\theta = 90°$のとき，$E_a = 0$で最も高くなる．このように一つの軸と磁化ベクトルの角度で異方性エネルギーが決まるものを**一軸磁気異方性**といい，磁化しやすい方向を**磁化容易軸**，磁化しにくい方向を**磁化困難軸**という．

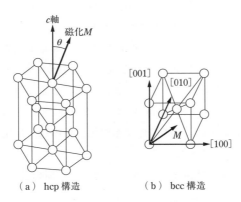

（a）hcp構造　　　（b）bcc構造

◉**図8·6**◉結晶軸と磁気異方性

　一方，図8·6(b)に示す体心立方格子(bcc)を持つFeのように立方対称の結晶構造を有する材料は，x, yおよびzの三つの結晶軸が等価であるので，その異方性は，磁化ベクトルの三つの軸に対する方向余弦を$(\alpha_1, \alpha_2, \alpha_3)$として

$$E_a = K_1 \left(\alpha_1^2 \alpha_2^2 + \alpha_2^2 \alpha_3^2 + \alpha_3^2 \alpha_1^2 \right) + K_2 \alpha_1^2 \alpha_2^2 \alpha_3^2 \tag{8·6}$$

で表される．ここで，K_1，K_2は立方異方性定数である．一般的に$|K_1| > |K_2|$であるので，K_2を無視すると，$K_1 < 0$の場合には，$\alpha_1 = \alpha_2 = \alpha_3 = 1/\sqrt{3}$のとき，すなわち，[111]方向が最もエネルギーの低い磁化容易軸となり，$K_1 > 0$の場合には，α_1，α_2，α_3のうち二つが0となる[100]，[010]，[001]方向が容易軸となる．

　もう一つ磁化しやすい方向を決める要因として磁性体の形状がある．金属製の棒磁石は，なぜ細長い形状をしているのであろうか．**図8・7**のようなFeの板を外部磁界によって磁化させる場合を考える．まず，板の厚さ方向，すなわちz軸方向に磁界H_{ex}を加えて磁化させると，図8・7（a）に示すように板の上面に＋の**磁極**（N極），下面に－の磁極（S極）が現れる．すると，磁極から磁界が発生するので，板の中には$-z$方向の磁界が生じる．この磁界は，磁化と反対方向であるため，反磁界H_dと呼ばれる．この反磁界H_dと磁化Mとの間のエネルギー，すなわち**反磁界エネルギー** ε_dは

$$\varepsilon_d = \frac{1}{2}MH_d \tag{8・7}$$

で与えられる．一方，図8・7（b）のように板面に平行なx軸方向に外部磁界を加えた場合には，板の端面に磁極が現れる．磁極による磁界は，磁極からの距離の2乗に反比例するので，板の中に発生する反磁界の大きさは，図8・7（a）の場合より大幅に小さくなる．よって，式（8・7）で与えられる反磁界エネルギーも低くなる．したがって，結晶磁気異方性など他の異方性がなければ，Feの板は，厚み方向より，板面方向に磁化しやすい．また，棒状の磁性体であれば，棒の長さ方向に磁化しやすい．このように形状によって磁化しやすい方向が決まる性質は，**形状磁気異方性**と呼ばれる．金属の棒磁石が細長いのは，反磁界を小さくして磁石としての性能を高めるためである．

　また，反磁界の大きさは磁極の強さに比例し，磁極の強さは磁化Mに比例す

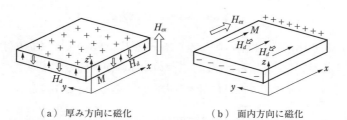

（a）厚み方向に磁化　　　（b）面内方向に磁化

●**図8・7**●反磁界と反磁界エネルギー

るので，反磁界 H_d は

$$H_d = \frac{NM}{\mu_0} \tag{8・8}$$

と表すことができる．ここで，比例定数の N は**反磁界係数**である．磁性体の形状が回転楕円体の場合には，磁性体内部の反磁界は一様になり，三つの軸方向の反磁界係数 N_x, N_y, N_z の和は

$$N_x + N_y + N_z = 1 \tag{8・9}$$

であることが知られている．球の場合には，対称性より $N_x = N_y = N_z = 1/3$, z 方向に無限に長い棒の場合は，$N_x = N_y = 1/2$, $N_z = 0$, xy 面内に無限に広い膜の場合は，$N_x = N_y = 0$, $N_z = 1$ となる．

● **7** ● 磁性材料がヒステリシスを示すのはなぜだろう

　強磁性体に外部磁界を加えたときの磁界と磁化の関係は，**図8・8**に示すような**ヒステリシス曲線**で表される．では，どうして，このように磁界を上げるときと下げるときで異なった経路をとる特性が現れるか考えてみよう．Coのように一軸異方性を持つ材料を考える．通常のCoの金属片は，微小な結晶粒から成る多結晶であり，各結晶粒の結晶方位は互いにランダムである．したがって，結晶の c 軸方向に平行な一軸異方性の容易軸も結晶粒ごとにランダムな方向となる．また，消磁状態のCo片に外部から磁界が加えられていないときは，それぞれのCo結晶粒の磁化は，磁化容易軸の c 軸方向を向いているので，全体としては，磁化の値はゼロとなる．各結晶粒の磁化方向がランダムになっている様子を模式的に示し

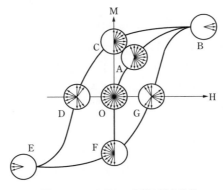

●**図8・8**●ヒステリシス曲線と磁化状態

たのが，図8·8における点Oの図である．この状態から，同図の右方向に磁界を
加えると，磁界と反対方向を向いた結晶粒の磁化方向がまず反転し，点Aの図の
ような磁化分布となる．さらに，磁界を強くすると，すべての結晶粒の磁化方向
は容易軸方向から回転して，ほぼ磁界方向を向くようになる（点B）．ここから磁
界を減じて，$H = 0$ となると，磁化は，回転して容易軸方向を向くため，点Cの
ように右半球上に磁化方向が分布するようになる．さらに，逆方向に磁界を加え
ると，磁界とほぼ反対方向を向いている結晶粒の磁化が反転して点Dの状態とな
り，全体の磁化は0となる．この磁界を保磁力 H_c という．逆方向に十分強い磁
界を加え，点Eで示す磁化がほぼ左方向に向くようになった後に磁界を減ずると，
上と同様にE→F→Gの経路をたどって点Bに戻る．以上のように，外部磁界ゼ
ロであっても，異なる磁化状態が存在するのでヒステリシスが現れることになる．
なお，磁化ゼロの原点からの曲線を**初磁化曲線**，原点付近の曲線の傾きを初磁化
率，磁界ゼロのときの磁化の値（点C）を**残留磁化**という．

●**8**● 磁壁構造とそのエネルギーについて学ぼう

　磁区と磁区の境界である磁壁において，磁化方向はどのように変化しているの
であろうか．ここでは，**図8·9** (a) に示すように，膜面内の y 軸方向に一軸異方
性の磁化容易軸を持つ薄膜を考え，$x = 0$ の位置に磁壁があり，磁壁幅を D，磁
化方向は $x < -D/2$ で $-y$ 方向，$x > D/2$ で $+y$ 方向を向いているとしよう．また，
磁壁の中心で磁化は，$-z$ 方向を向いているとする．このとき，磁化ベクトルは，
x 軸に沿って，図8·9 (b) のように yz 面内で180°回転する．このような構造の磁
壁は**ブロッホ磁壁**と呼ばれるが，磁壁の中心では，磁化 M は一軸異方性の容易
軸と90°方向を向いているので，磁気異方性エネルギーは他の部分より高くなる．
また，隣り合う原子磁気モーメントの間には，これを平行に揃えようとする交換
作用が働くので，磁壁内のように磁化ベクトルの向きが x 軸方向に変化していると，
交換エネルギーが蓄えられる．交換エネルギー密度 ε_{ex} は，yz 面内での磁化ベク
トルの z 軸からの角度を θ として

$$\varepsilon_{ex} = A\left(\frac{d\theta}{dx}\right)^2 \tag{8·10}$$

で与えられる．ここで，A は交換スティフネス定数である．では，磁壁部分に蓄
えられる異方性エネルギーと交換エネルギーの概算値を計算し，磁壁幅 D と単位

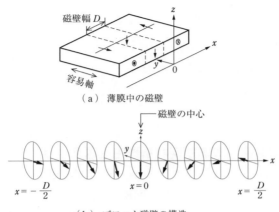

（a） 薄膜中の磁壁

━ 磁壁の中心

$x = -\dfrac{D}{2}$ $x = 0$ $x = \dfrac{D}{2}$

（b） ブロッホ磁壁の構造

● 図8・9 ● ブロッホ磁壁

面積当たりの磁壁エネルギー σ_w を求めてみよう．まず，計算を簡単にするため，磁壁幅 D の中で θ の変化が一定，すなわち

$$\frac{d\theta}{dx} = \frac{\pi}{D} \tag{8・11}$$

とすると，交換エネルギー密度 ε_{ex} は

$$\varepsilon_{ex} = A\left(\frac{d\theta}{dx}\right)^2 = A\left(\frac{\pi}{D}\right)^2 \tag{8・12}$$

で与えられ，磁壁の単位面積当たりの交換エネルギーは，$D\varepsilon_{ex}$ となる．

　一方，異方性エネルギー密度 ε_u は，式 (8・5) で与えられるので，これを x 方向に $-D/2$ から $D/2$ まで積分して，磁壁の単位面積当たりの異方性エネルギー

$$\int_{-D/2}^{D/2} \varepsilon_u \, dx = \int_{-D/2}^{D/2} \left(-K_u \cos^2\theta\right) dx = -\frac{DK_u}{2} \tag{8・13}$$

を得る．この値は，磁壁がない場合の異方性エネルギー $-DK_u$ より，$DK_u/2$ だけ大きいので，磁壁の単位面積当たりの全エネルギー E_w は

$$E_w = \frac{A\pi^2}{D} + \frac{K_u D}{2} \tag{8・14}$$

で与えられ，磁壁幅 D が狭くなるほど，第1項の交換エネルギーは大きくなり，異方性エネルギーは小さくなることがわかる．D に関して E_w が極小となる条件

より，磁壁幅Dは

$$D = \sqrt{2}\pi\sqrt{\frac{A}{K_u}} \tag{8・15}$$

また，そのときの磁壁エネルギーσ_wは

$$\sigma_w = \sqrt{2}\pi\sqrt{AK_u} \tag{8・16}$$

と求められる．

●9● さまざまな磁区構造が現れる理由を考えよう

　磁性体は，磁区構造を持つことを述べたが，磁区構造がどのような要因で決まるかについて考えてみよう．ここでは，**図8・10**(a)のような一辺の長さw，厚さ$w/10$の磁性体が，一方向に磁化しているとする．このとき，磁性体内部には，反磁界H_dが生じているので，この磁性体全体の反磁界エネルギーE_dは，式(8・7)に体積を掛けて

$$E_d = \frac{1}{2}MH_d\frac{w^3}{10} \tag{8・17}$$

となる．一方，この磁性体の中央に図8・10(b)のように一つの磁壁が存在するときは，反磁界エネルギーに加えて，磁壁エネルギーの項が加わる．単位面積当たりの磁壁エネルギーをσとすると，磁性体全体のエネルギーは

$$E_d = \frac{1}{2}MH_d{}'\frac{w^3}{10} + \sigma\frac{w^2}{10} \tag{8・18}$$

で与えられる．ここで，$H_d{}'$は，図8・10(b)の場合の反磁界の大きさである．式(8・18)では，一見，磁壁エネルギーの項だけ式(8・17)よりエネルギーが高くなるように見えるが，図8・10(a)のときに比べ(b)のように磁区が二つに分割されると，反磁界の大きさは半分以下に小さくなるので，反磁界エネルギーも半分以下となる．反磁界エネルギーの項はwの3乗，磁壁エネルギーの項はwの2乗であるため，

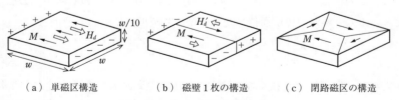

（a）単磁区構造　　　　（b）磁壁1枚の構造　　　　（c）閉路磁区の構造

●**図8・10**● さまざまな磁区構造

wが大きくなって反磁界エネルギーの寄与が大きいときには，磁壁のある構造の方がエネルギーが低くなり，wが小さくなって磁壁エネルギーの寄与が大きくなると，磁壁がない構造の方がエネルギーが低くなる．図8·10 (c)のように磁極が端面に生じない閉路磁区構造をとったときには，反磁界エネルギーはほぼ0となるが，磁壁エネルギーは同図 (b) のときより大きくなる．ある形状の磁性体は，反磁界エネルギー，磁壁エネルギー，異方性エネルギーなどを足し合わせた系の全エネルギーが最も低くなるような磁区構造をとる．

■ 単位系によって異なる磁束密度 B の定義 ■

本章では，8.1 節で磁束密度 B を

$$B = \mu_0 H + M \tag{8·1}$$

で定義したが，電磁気学の教科書では，磁束密度 B は

$$B = \mu_0 (H + M) \tag{8·19}$$

と書かれていることが多く，式(8·1)と異なっている．これは，2 種類の MKSA 単位系が並存しているためで，式(8·1) は E-H 対応の単位系，式(8·19)は E-B 対応の SI 単位系による定義である．磁性分野では，参考図書 [1] を始めとして E-H 対応の単位系が用いられることが多い．磁性に関わる単位系については，参考図書 [2] に詳しいので参照されたい．

ま　と　め

- 磁性体に磁界 H を加えると磁化 M が誘導される．M と H の比例定数 χ は，磁化率と呼ばれる．
- 磁性の起源は，原子の電子軌道と電子のスピンにある．原子のすべての電子の磁気モーメントの総和がゼロでないとき，原子磁気モーメントが生じる．
- 原子磁気モーメントを持つ元素から成る物質は，常磁性，フェロ磁性，フェリ磁性，反強磁性などを示す．それ以外の物質は反磁性を示す．
- 磁化を特定の方向に向けようとする性質を磁気異方性という．磁気異方性には，物質の結晶構造によるものや，磁性体の形状によって決まるものなどがある．
- 印加磁界と強磁性体の磁化の関係は，ヒステリシス曲線によって表される．
- 強磁性体の内部には磁区構造が生じており，その構造は，反磁界エネルギー，磁壁エネルギー，異方性エネルギーの総和を極小にするように決まる．

演 習 問 題

問1　磁力計を用いてガラス基板上に蒸着した磁性薄膜の磁化曲線を測定したところ，**図8·11**のような結果が得られた．縦軸は試料全体の磁気モーメント m，横軸は外部磁界 H である．薄膜の膜厚 30 nm，サンプルのサイズ 10 mm × 10 mm，ガラス基板の厚さ 1 mm として，この薄膜の飽和磁化の値とガラス基板の反磁性比磁化率を求めよ．

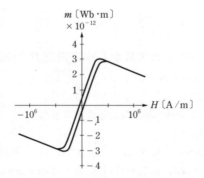

●**図8·11**● 測定された磁性薄膜の磁化曲線

問2 y 軸方向に磁化容易軸を持つ**図8・12**のような形状の微小な強磁性体があるとする．y 軸方向に磁化したときの反磁界係数を $N_y = 0.07$ として，図8・12 (a) のように y 軸方向に一様に磁化したときと，同図(b)のように還流磁区構造をとったときのエネルギーを求め，両者の大小関係が磁性体のサイズ w によってどのように変化するか検討せよ．ただし，磁性体の飽和磁化を $1.5\,\mathrm{Wb/m^2}$，異方性定数 $K_u = 1.0 \times 10^5\,\mathrm{J/m^3}$，磁壁エネルギー密度 $\sigma_w = 5.4 \times 10^{-3}\,\mathrm{J/m^2}$ とする．

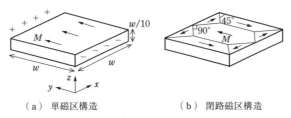

（a）単磁区構造 　　　　　　（b）閉路磁区構造

●**図8・12**● 微小磁性体の磁区構造

問3 Fe の単結晶の磁化特性を測定したところ，**図8・13**のように結晶方位に依存する磁化曲線が得られた．$K_1 > 0$，$K_1 \gg K_2$ として，三つの磁化曲線は，[100]，[110]，[111]のいずれの結晶方位のものであるか．

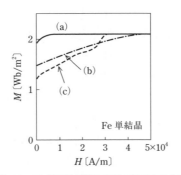

●**図8・13**● Fe 単結晶の磁化曲線の結晶方位依存性

9章
さまざまな磁性材料とその応用

　8章では，物質の磁気的な性質の基礎について学んだ．本章では，金属や酸化物などの磁性材料，ハード材料とソフト材料，光磁気記録や磁気記録への応用，巨大磁気抵抗効果やスピントンネル効果など，近年発展の著しいスピンエレクトロニクスについて解説する．

●**1**● 金属の磁性材料にはどのようなものがあるか

　金属の強磁性材料として，まず思い浮かぶのはFeであろう．では，純金属のうち室温付近で強磁性を示す元素は，いくつあるだろうか．それは，Fe, Co, NiおよびGdの四つのみで，はなはだバラエティに乏しい．しかし，磁性材料を磁石やストレージに利用する場合には，用途に応じたさまざまな磁気特性の実現が要求される．例えば，保磁力一つとってみても，非常に低い保磁力を要求されるトランス用の鉄心材料から，記録を保持するためにある程度大きな保磁力が要求される磁気記録媒体，非常に大きな保磁力が求められる磁石と，幅広い材料設計が必要不可欠である．これらの特性は，磁性金属を含むさまざまな組合せの合金材料によって実現されており，これまでに数多くの磁性材料が開発されている．ここでは，まず，満たされていない3d電子軌道を持つ遷移金属の磁性を見てみよう．**図9・1**は，3d遷移金属同士の合金の1原子当たりの原子磁気モーメントと，1原子当たりの電子数の関係をプロットした**スレーター－ポーリング曲線**を示している．磁気モーメントの大きさは，FeCo合金で最大となり，これより電子数が多くなっても少なくなっても，ほぼ直線的に減少している．そして，この特性は，Fe-Cr, Fe-V, Ni-Cu合金のように単体では強磁性を示さない金属を含む合金でも同様である．このような特性は，ある原子がその原子特有の原子磁気モーメントを持っており，合金の磁気モーメントはその組成平均となるというモデルでは説明できず，3d電子がバンドを形成しているという理解が必要となる．すなわち，＋スピンと－スピンのバンドが形成されており，両者のバンドの満たされかたに差が生じたときに強磁性が生じる．電子数が28.6のときに磁気モーメン

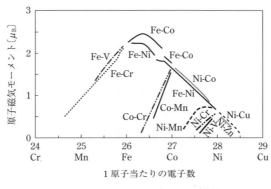

● **図9・1** ● スレーター－ポーリング曲線

トがゼロであるのは，両スピンバンドが満たされて差がないためである．ここから，電子数を減らしていったとき磁気モーメントが直線的に増加するのは，－スピンバンドの電子のみが減少して，＋スピンバンドの電子数との差が増加していくためと考えられている．磁性のバンド理論の詳細については参考図書［1］を参照されたい．

　磁性材料として重要な合金としては，3d遷移金属と希土類金属との合金および貴金属との合金がある．Gd, Tb, Sm, Ndなどの希土類は，一般にはなじみのない金属であるが，4f軌道が満たされていないため，原子磁気モーメントを持ち，3d遷移金属と合金となることで多様な磁性を示す．代表的な応用例としては，光磁気記録媒体としてのTbFeCoアモルファス合金膜，SmCoやNdFeBのような磁石材料がある．また，Pt, Pd, Irなどの貴金属と3d遷移金属の合金は，その結晶構造によって大きな磁気異方性を示すなど，興味深い磁性を発現する．

● **2** ● 酸化物や化合物の磁性材料についても知ろう

　酸化物の磁性体として最も身近な存在は，**フェライト磁石**であろう．フェライト磁石は安価であることから非常に広く利用されているが，磁石だけでなく，高い周波数領域で利用する磁心材料としても重要である．フェライトは，さまざまな組成のものが開発されているが，ここでは詳細を述べることはできないので代表的なものをいくつか紹介する．

　$M^{2+}Fe_2^{3+}O_4$で表されるスピネルは，2価金属イオンMのサイトを，Fe, Ni,

Mn, Zn などいろいろな元素で置き換えることができる．スピネル構造の単位胞は，8個のMイオン，16個のFeイオン，32個のO^{2-}イオンを含む大きな立方結晶である．フェライトの磁性の起源は，磁気モーメントを持つFeイオンが，O^{2-}イオンを介した超交換作用によって，そのスピンの向きが平行に揃うことにある．

　Mの位置にFe^{2+}が入ったFe_3O_4は**マグネタイト**と呼ばれ，砂鉄という形で自然界に存在しており，人類によって古くから利用されている．金属イオンの位置の一つが欠損して空格子点となったγFe_2O_3は**マグヘマイト**と呼ばれ，磁気テープに塗布して利用される褐色の粉末である．Mの位置にMnとZnなどを入れたMn-ZnフェライトやNi-Znフェライトは，磁心材料として利用される．一方，磁石として利用されているのは，Ba－フェライトと呼ばれる六方晶系の酸化物$BaFe_{12}O_{19}$で，大きな結晶磁気異方性を示す．また，光を通す透明な磁性酸化物して希土類鉄ガーネット$R_3Fe_5O_{12}$がある．Rには，Yおよび希土類イオンが入る．この材料は，その磁気光学効果を利用して，光通信における光アイソレータの材料として，あるいは，マイクロ波，ミリ波領域のサーキュレータなどに利用される．

　酸化物以外にも，MnBi，MnAs，MnSb，Fe_3C，Fe_3Si，Fe_4Nなどさまざまな磁性体が知られているが，詳細は参考図書[1]を参照されたい．

●**3**● ソフト材料とハード材料の違いは何だろう

　小さな磁界で磁化しやすい磁性体が必要な場合と，外部磁界に対して容易にその磁化方向を変えない材料が必要な場合がある．前者を**ソフト材料**，後者を**ハード材料**という．ソフト材料のおもな用途は，トランスの鉄心材料，磁気ヘッドのコア材料であり，ハード材料の用途は，磁石や磁気記録材料である．では，このような特性の違いは，何に由来するのであろうか．磁性体に磁界を加えたときにどのようなプロセスで磁化状態が変化するかについて考えよう．磁性体の内部には，磁区構造が生じていることはすでに述べたが，ここでは，**図9・2**(a)に示すようにy軸方向に一軸異方性の容易軸を持ち，y軸に平行に磁壁がある薄膜を考える．今，$+y$軸方向に磁界を加えると，図9・2(b)のように磁壁が移動して，磁界方向の磁区が広がる．十分大きな磁界を加えると磁壁は消滅して，磁化はすべて$+y$軸方向を向く．一方，図9・2(c)に示すように，$+x$軸方向，すなわち磁化困難軸方向に磁界を加えると，磁化は磁界方向に回転し，十分大きな磁界を加えると，磁化を$+x$軸方向に揃えることができる．前者を**磁壁移動モード**，後者を

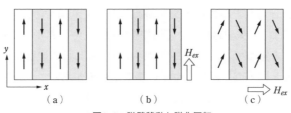

磁化回転モードという．多結晶材料など，磁化容易軸が一方向に揃っていない場合には，磁界を加えたときに両モードが同時に進行する．ソフトな磁気特性を得るためには，材料が均質で欠陥などが少なく磁壁が移動しやすいことと，異方性定数が小さく，磁化が回転しやすいことが必要である．電力用トランスの鉄心材料としては，Feに Si を3〜4.5％添加して，磁気異方性を低減し，圧延によって結晶方位を揃えた方向性ケイ素鋼板が広く利用されている．DC-DC コンバータ用のトランスなど高い周波数で利用されるコア材としては，渦電流損を減らすために比抵抗の高い Mn-Zn フェライトなどが利用される．

　一方，ハード材料を得るためには，磁壁を動きにくくすることと，磁気異方性を大きくすることが重要である．一般的に一つの磁区の大きさは，サブミクロンからミクロンであり，磁性体の大きさがこの磁区のサイズより小さくなると，磁壁はなくなり，単磁区状態となる．単磁区状態になれば磁化回転モードのみとなるので，磁気異方性をできるだけ大きくすれば，磁化反転しにくいハード材料となる．現在，ハードディスクの記録媒体として用いられている CoCrPt 膜は，単磁区状態の微粒子が集まった構造となっている．また，強力な $Nd_2Fe_{14}B$ 磁石は，非常に大きな一軸異方性を示す NdFeB 微粒子をその磁化容易軸を揃えて焼結したものである．磁石の材料としては，前述の Ba フェライト，NdFeB のほかに，アルニコと呼ばれる $Al_8Ni_{14}Co_{24}Cu_4Fe_{51}$ 合金，Fe-Pt 規則合金，および NdFeB 磁石より温度特性のよい $SmCo_5$ などが用いられている．

●**4**● ストレージ技術に利用される垂直磁化膜とは

　磁性材料の非常に重要な応用分野は，情報を磁性材料の磁化方向に記憶するストレージ技術である．磁気ストレージ技術には，光磁気記録とハードディスクに代表される磁気記録があるが，プラスチックやガラス製のディスク基板上にスパッ

タリング法で付けられた磁性薄膜を記録媒体として利用する点は共通している. また, **磁性薄膜**は, 磁気記録において情報を記録したり, 再生したりする磁気ヘッドの材料としても重要である. ここでは, 磁性薄膜には, 膜面に平行に磁化しやすい**面内磁化膜**と, 垂直に磁化しやすい**垂直磁化膜**があることを述べた後, 光磁気記録や磁気記録の媒体として開発されている垂直磁化膜をいくつか紹介する. 8.6節で述べたように, 薄膜の場合には, 面内方向の反磁界係数がほぼ0, 面直方向が1であるので, 膜面に対して垂直に磁化すると, 反磁界エネルギーが高くなる. したがって, 外部から磁界を加えなければ, 磁化方向は膜面内となる. 一方, 膜面垂直方向に十分大きな一軸異方性の容易軸を持つものは, 面直方向に磁化した方が安定な垂直磁化膜となる. では, 垂直異方性を持つ膜の磁気エネルギーを求めてみよう. **図9・3** (a) に示すように磁化Mが, 法線方向からθだけ傾いているとすると, 反磁界H_dは, Mの面直方向成分を$M_{\perp}$として

$$H_d = \frac{N}{\mu_0} M_{\perp} = \frac{1}{\mu_0} M \cos\theta \qquad (9 \cdot 1)$$

で与えられる. ここで, 反磁界係数Nを1とした. 反磁界の方向は, 膜面の垂直方向であるから, 反磁界エネルギーE_dは

$$E_d = -\frac{1}{2} \boldsymbol{M} \cdot \boldsymbol{H}_d = \frac{1}{2} M H_d \cos\theta = \frac{M^2}{2\mu_0} \cos^2\theta \qquad (9 \cdot 2)$$

となり, $\theta = 90°$に比べ, $\theta = 0°$のときの方がエネルギーが高くなる. 一方, 異方性エネルギーE_aは, 式(8・5)で与えられるので, 反磁界エネルギーを加えた全エネルギーE_{total}は

$$E_{total} = E_d + E_a = \frac{M^2}{2\mu_0} \cos^2\theta - K_u \cos^2\theta = \left(\frac{M^2}{2\mu_0} - K_u\right) \cos^2\theta \qquad (9 \cdot 3)$$

で与えられる. したがって

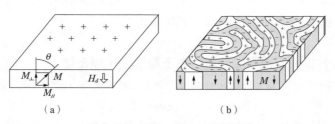

（a）　　　　　　　　　　　　　（b）

● **図9・3** ● 垂直磁化膜における迷路磁区構造

$$K_u \geq \frac{M^2}{2\mu_0}$$
(9・4)

であるならば，$\theta = 0$のとき，すなわち面直方向に磁化したときにエネルギーが低い**垂直磁化膜**になることがわかる．垂直磁化膜は，外部磁界を加えない状態では，反磁界エネルギーを下げるために図9・3（b）に示すような迷路磁区構造をとることが多い．

　これまでにさまざまな垂直磁化膜が開発されているが，その代表的なものを以下に紹介する．重希土類と3d遷移金属のアモルファス合金であるTbFe, GdFe, TbFeCoなどでは，重希土類と遷移金属の磁気モーメントが反平行に結合するが，これらが相殺して全体の磁化がゼロとなる組成，すなわち補償組成の近傍で垂直磁化膜となる．これは，補償組成付近では磁化Mが小さくなり，式（9・4）の条件が満たされるようになるためである．この材料は，光磁気記録の材料に利用されるが，アモルファスで結晶粒界が存在しないことから低ノイズの記録再生が実現されている．垂直磁気記録の媒体として実用化されているCoCrPt膜は，六方晶系の微粒子のc軸が膜面に垂直に配向することにより，垂直異方性を発現する．また，1980年代より，磁性金属と非磁性の金属を数原子層ずつ積層した磁性多層膜や磁性人工格子における新しい機能の探索が盛んに行われたが，Co/PtやCo/Pd多層膜における垂直異方性の発見は，その代表的な成果である．さらに，**図9・4**に示すようなfcc格子の特定の位置に原子が規則的に配列した構造を持つCoPtやFePt規則合金膜は，c軸方向に非常に大きな垂直異方性を示す．膜面垂直方向にc軸を配向させたFePt膜は，次世代の垂直磁気記録媒体として期待されている．

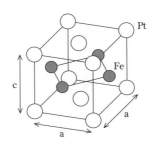

●**図9・4**● FePt規則合金の結晶構造

◎5◎ 磁気光学効果と光磁気記録について学ぼう

　光磁気記録は，現在ではほとんど見かけなくなっているが，音楽用のミニディスク（MD）やデータ記録用の3.5インチMOディスクとして1990年前後に実用化された．**図9·5**は，ディスクにレーザパルスによって情報を記録する様子を示している．初期状態として，ディスクは，すべて上向きに磁化されているが，レンズによって集光されたレーザ光が当たると，その部分の温度が上昇して書込み磁界の方向に磁化状態が変化する．これをもう少し詳しく見てみよう．集光されたレーザ光によって記録媒体が加熱されると，**図9·6**(a)のように磁化Mは，レーザ光の中心に向けて小さくなり，中央部では，キュリー温度を超えて磁化が消失する．同図(b)のようにレーザパルスがOFF状態になると，キュリー温度を超えていた部分の温度が下がって磁化が現れるが，このとき外部磁界H_{ex}が下向きに加えられているので，下向きに磁化され，1ビットが記録される．ミニディスクのようにレーザ光を連続照射しながら，情報に応じて外部磁界の向きを反転して書き込む磁界変調方式が用いられる場合もある．

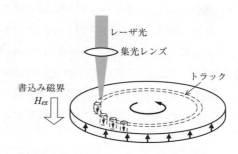

●**図9·5**● 光磁気ディスクへの熱磁気書込み

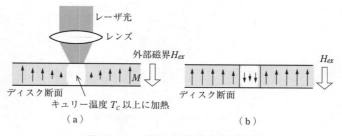

（a）　　　　　　　　　　　　　　　　（b）

●**図9·6**● レーザ光による情報の書込み過程

　光磁気記録における情報の読出しには，磁気光学効果が利用される．**図9·7**に示すようにガラス板の厚み方向に磁界H_{ex}を加え，直線偏光を透過させたときに，光の偏波面が回転する現象を**ファラデー効果**という．この場合には，偏波面の回転角は，外部磁界H_{ex}とガラス板の厚さdの積に比例する．ガラス板でなく磁性体の薄膜の場合には，**図9·8**のように磁化方向に応じて，回転角の符号が異なり，この現象を**磁気光学効果**という．薄膜の後ろに置いた検光子の角度を，図9·8(a)のように偏波面の回転した光がすべて透過するように調整したとすると，回転方向が逆向きの同図(b)の場合には，光の一部が検光子で遮られる．すなわち，偏波面の回転方向の違いを光の強度の違いとして検出することができる．このように光が磁性体を透過する場合だけでなく，磁性体表面で直線偏光が反射する場合

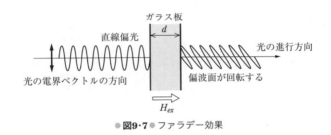

●**図9·7**● ファラデー効果

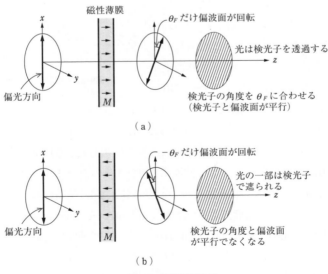

●**図9·8**● 磁気光学効果

にも磁化方向に応じてその偏波面が回転する．光磁気記録では，プラスチックの
基板側から，レーザ光を入射して記録再生を行っているので，反射配置で情報を
読み取っている．

◉**6**◉ 磁気記録技術が急激に発展したのはなぜだろう

　磁気記録は，磁気テープ，磁気カード，
ハードディスク（HDD：hard disk drive）
などに広く利用されている古くからある
技術であるが，新しいテクノロジーを取
り込むことで，進化を続けている．記録
の原理は，いたってシンプルである．**図
9・9**（a）に示すようにフェライトなどバ
ルク材料のコアにコイルを巻いたものが
磁気ヘッドであり，コイルに電流を流し
たときにギャップに発生する磁界によっ
て記録媒体に記録を行う．また，再生時
には，媒体から漏れ出る磁束の変化が電
磁誘導の法則によってコイルに電圧を発
生させるので，これを検出する．すなわち，
磁気ヘッドは，情報の書込みと読出しの
二つの機能を担っており，バルク形の磁
気ヘッドは，かつてはカセットテープ用

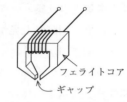

（a）バルク形磁気ヘッド

（b）薄膜磁気ヘッド

●**図9・9**●磁気ヘッドの構造

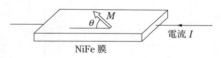

●**図9・10**●異方性磁気抵抗効果

のヘッドなどとして広く利用された．このようなバルク形ヘッドは，コイルを巻
く作業など手作業の組立て工程が入るため，生産性を上げることが難しい．その
ため，1980年代には，半導体の微細加工技術を援用したHDD用の薄膜磁気ヘッ
ド（図9・9（b））が開発された．この技術により，1枚のセラミック基板上に一度に
多数のヘッドが生産できるようになった．さらに，1990年頃には，情報の読出し
機能を分離した**異方性磁気抵抗効果**（**AMR**：anisotropic magneto-resistance）ヘッ
ドが開発された．AMR効果とは，**図9・10**のように磁性薄膜に電流Iを流したとき，
電流の流れる方向と磁化方向の角度θに応じて，電気抵抗が変化する現象で，
NiFe合金膜などでは1～3％程度の変化率が得られる．これを用いた磁気ヘッド

の構成は，**図9・11**のようにセラミック基板上に磁気シールド層，MR素子，薄膜記録ヘッドを積み重ねたものとなる．情報を読み出すMR素子は，AMR効果を利用したものから，後述するGMR効果，さらにTMR効果を利用したものへと発展を続けている．

磁気記録において記録密度を上げるため，1ビットの記録幅を短くしていくと，**図9・12**(a)に示すように，ビットの端に現れる正負の磁極

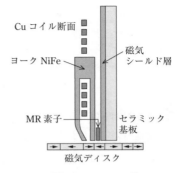

●**図9・11**● MRヘッド

間の距離が狭って，反磁界H_dが大きくなる．H_dの向きは，記録方向と逆であるため熱エネルギーによる磁化スピンのゆらぎと相まって記録が不安定となる．一方，垂直磁化膜に記録する場合には，図9・12(b)に示すように，記録密度が高くなるほど膜表面に現れる磁極が細分化されて，反磁界が小さくなるので，より記録が安定となる．2005年前後には，$1mm^2$当たり200 Mbitクラスの垂直磁気記録を行うHDDが実用化されており，現在は$3\,Gbit/mm^2$を超える記録密度の実現に向け，記録媒体と磁気ヘッドの両面から研究開発が進められている．近年，ノートPCなどのストレージは，HDDからフラッシュメモリを利用したSSDに置き換えられつつあるが，データセンターなどで大量のデータを保管するニアラインストレージとしてのHDDの需要は高まっている．

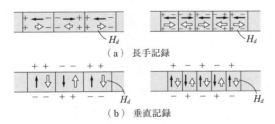

（a）長手記録

（b）垂直記録

●**図9・12**●長手記録と垂直記録

●**7**● スピンエレクトロニクスとは何だろう

1988年にフランスのフェールとドイツのグリュンベルクによって，Cr/Fe多層膜において**巨大磁気抵抗効果**（**GMR**：giant magneto-resistance）が発見され，磁性研究者に大きな衝撃を与えた．GMRは，**図9・13**に示すように導電層のCu

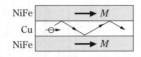
（a）　二つの磁性層の磁化方向が平行の場合

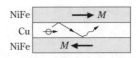
（b）　二つの磁性層の磁化方向が反平行の場合

●**図9・13**● 巨大磁気抵抗効果

を二つの磁性層でサンドウィッチした構造が基本となる．今，同図（a）のように上下の磁性層とも右向きに磁化しているとすると，右向きのスピンを持った電子（本章では，図中のスピンを示す矢印は，スピン磁気モーメントの方向とする）は，CuとNiFe層の界面で散乱を受けずに伝導するので低抵抗となる．一方，同図（b）のように上下の磁性層の磁化方向が反平行の場合には，右向きのスピンを持った電子も，左向きのスピンを持った電子もどちらかの界面で散乱されるので高抵抗となる．このGMRをHDDの読出しヘッドに応用する場合には，**図9・14**に示すように一方の磁性層を反強磁性層と交換結合させたスピンバルブ構造にする必要がある．反強磁性層と交換結合した強磁性層の磁化方向は，反強磁性層界面のスピン方向にほぼ固定されるので，この磁性層を磁化固定層と呼ぶ．一方，記録層の磁化方向は，記録媒体からの漏れ磁界によって変化するので，固定層と記録層の磁化方向の相対角度が変化して，素子の抵抗が変化する．GMRヘッドでは，前述のAMRヘッドに比べ約1桁大きい出力が得られる．スピンバルブというネーミングは，この構造が水道のバルブのように，スピンの方向によって電流の流れを制御していることから名付けられている．

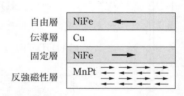
●**図9・14**● スピンバルブ膜

GMRよりさらに大きな磁気抵抗変化を示すことから，1990年代中頃から**トンネル磁気抵抗効果**（**TMR**：tunneling magneto-resistance）に注目が集まった．TMR素子は，**図9・15**に示すように酸化物の絶縁層を二つの磁性層でサンドウィッチした構造を持ち，酸化層は，トンネル電流が流れるよう1nm程度という非常に薄い層厚になっている．図9・15（a）のように，上下の磁性層間に電圧を加えたとき，両者の磁化方向が平行の場合には，右向きのスピンを持った電子は，上部磁性層の右向きのスピンバンドから，下部磁性層の状態密度の高い右向きのスピンバンドにトンネルするためトンネル確率が高く，電流が流れやすい．一方，図9・15（b）のように磁化方向が反平行の場合には，右向きのスピンバンドからの電

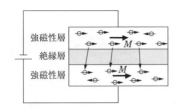 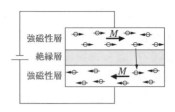

（a）　二つの磁性層の磁化方向が平行の場合　　　（b）　二つの磁性層の磁化方向が反平行の場合

● **図9・15** ● トンネル磁気抵抗効果

子は，下部磁性層の状態密度の低い右向きのスピンバンドにトンネルしなければならないため，トンネル確率が低く，高抵抗となる．絶縁層にAl_2O_3を用いた素子で30〜50%，MgOを用いたもので200%を超える磁気抵抗変化が得られている．

●**8**● 磁気抵抗メモリ MRAM の動作を学ぼう

　従来，磁性材料の情報の記録デバイスへの応用としては，磁気記録や光磁気記録が広く利用されてきたが，これらのデバイスはすべて磁気ディスクや磁気ヘッドという可動部分を有しているので，機械的な衝撃に弱いという欠点がある．そのため，可動部分のない磁気的な記録デバイスの実現が期待され，磁気バブルメモリなどの開発が行われたが，広く普及するには至らなかった．しかし，1995年に大きなTMR効果が発見されると，これを**固体磁気抵抗メモリ**（**MRAM**：Magnetoresistive Random Access Memory）に応用しようとする研究開発が精力的に行われるようになった．MRAMは，**図9・16**に示すように2次元的に配列されたトンネル素子，情報を書き込むためのビット線とディジット線，情報を読み出すためのMOSトランジスタとワード線から構成される．情報は，TMR素子

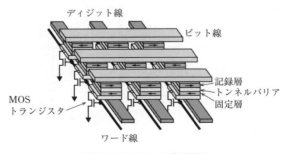

● **図9・16** ● MRAM の素子構造

の記録層の磁化方向，例えば，記録層の
磁化方向が，右向きのときを"1"，左向き
のときを"0"として記録する．MRAMに
おける情報の書き込みは，ビット線とディ
ジット線に流す電流が作る磁界によって
行われる．**図9・17**に示すようにビット線
B1とディジット線D1に電流を流したと
き，両者の交点の位置のトンネル素子A
には，2つの電流が作る磁界のベクトル和
が加わるのに対し，素子Bには，片方の
磁界しか加わらないので，磁化反転の臨
界磁界を両者の中間に設定すると，素子
Aの記録層のみを磁化反転させることが
できる．

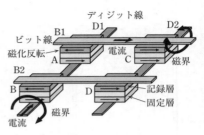

●**図9・17**● MRAMにおける情報の書込み

情報の読出しは，**図9・18**に示すように

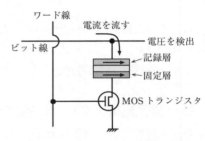

●**図9・18**● MRAMにおける情報の読出し

ワード線に電圧を加えることでトランジスタをON状態にして，ビット線からト
ンネル素子に電流を流したときの電圧を検出する．固定層と記録層の磁化方向が
平行であれば電圧が低く，反平行であれば高くなる．MRAM開発の初期には，
上述の構造のデバイスが検討されたが，トンネル素子を微細化するとともに書込
みのための電流密度が高くなりすぎるという問題が生じた．そこで，スピン注入
による磁化反転を利用する**スピン移行トルク**（**STT**：Spin Transfer Torque）型の
MRAMの開発が進められている．

図9・19は，固定層，トンネルバリ
ア層，記録層から構成される素子にお
けるスピン注入による磁化反転の原理
を示している．初期状態として，図9・
19（a）に示すように固定層と記録層の
磁化が反平行で，電流を記録層から固
定層の方向に流す場合を考える．この
とき電子は下部電極から固定層に注入
されるが，固定層の磁化方向と逆の右

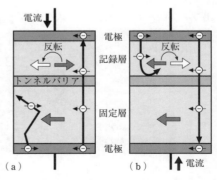

●**図9・19**● スピン注入による磁化反転

向きのスピンを持つ電子は，エネルギーを失ってトンネルバリア層を通り抜けることができない．一方，左向きのスピンを持つ電子は，固定層，バリア層を通り抜けて記録層に注入される．8.2節で述べたように，電子はスピン方向に対応した角運動量を有しており，角運動量の向きはスピン磁気モーメントと逆方向である．電子の注入前の記録層の磁化は右向きであることから，右向きスピンを持つ電子の数が優勢であり，その角運動量は左向きとなっている．ここに，左向きのスピンすなわち右向きの角運動量を持つ多数の電子が注入されると，系全体の角運動量の保存則から，スピン移行トルクが働いて記録層の磁化が反転して，固定層と記録層の磁化が平行状態となる．

　一方，図9·19(b)に示すように初期状態として固定層と記録層の磁化が平行で，電流を固定層から記録層の向きに流す場合には，左向きのスピンを持つ電子は，記録層の膜厚が固定層に比べて薄いため記録層を通り抜け，トンネルバリア層から左向きに磁化する固定層に注入される．しかし，右向きのスピンを持つ電子は，固定層の磁化方向と逆方向のため，トンネルバリア付近で反射されて記録層に止まる．そのため，右向きの角運動量を持つ電子が優勢の記録層に左向きの角運動量を持つ電子が注入されることになるので，STTが働いて記録層の磁化が反転して，固定層と記録層の磁化が反平行状態となる．このSTTを利用して情報の書き込みを行う磁気抵抗メモリは，**STT-MRAM**と呼ばれ，ロジック集積回路に混載されるキャッシュメモリなどへの応用が進められている．

　さらに次世代の磁化反転技術として**スピンホール効果**の利用が注目されている．タンタル(Ta)やプラチナ(Pt)などの非磁性の金属層に電流を流すとスピン軌道相互作用により，正と負のスピンを持つ電子の流れがそれぞれ異なる方向に曲げられ，**図9·20**に示すようなスピン流が発生する．この現象は，スピンホール効果と呼ばれる．図9·20のように，この非磁性層に磁性層が積層されていると，特定のスピンを持つ電子が磁性層に注入されて，磁性層の磁化を反転させることができる．

　スピンエレクトロニクスの分野では，これ以外にも磁壁の電流駆動を利用したレーストラックメモリの開発や特殊な磁性薄膜中に発生する磁化スピンの渦状の構造であるスキルミオンを利用したデバイスの提案

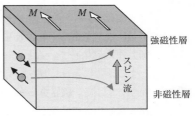

●**図9·20**●スピンホール効果によるスピン流の生成と磁化反転

など，さまざまな新しい現象の発見や応用技術に関するアイデアの提案が大変活発に行われている．

■ ま と め ■

- ◎ 3d 電子軌道が満たされていない 3d 遷移金属同士の合金の磁性は，スレーター-ポーリング曲線に従う．
- ◎ 3d 遷移金属と希土類金属および貴金属との合金は，さまざまな磁性を示し，応用上重要である
- ◎ Fe を含む酸化物のフェライトは，安価な材料として磁石やコア材料として利用される．
- ◎ 希土類を含む SmCo や NdFeB は，非常に強力な磁石となる．
- ◎ 光磁気記録では，レーザ光による加熱により垂直磁化膜に情報の記録が行われ，磁気光学効果を利用して情報が読み出される．
- ◎ 磁気記録は，薄膜磁気ヘッド，GMR ヘッド，TMR ヘッド，垂直磁気記録媒体などの技術を開発することで発展してきた．
- ◎ MRAM を始めとするスピンエレクトロニクス分野の発展が今後期待される．

■ 演 習 問 題 ■

問 1 金属の Fe の磁性は，おもに電子のスピンに起源があると考えられている．電子 1 個のスピン磁気モーメントの大きさは，1.165×10^{-29} Wb·m である．また，Fe の室温における飽和磁化の値は，2.15 Wb/m^2 である．Fe は室温で体心立方格子をとっており，単位格子の 1 辺の長さは 0.287 nm である．Fe 原子 1 個当たりの磁気モーメントが，電子何個分のスピン磁気モーメントに相当するか求めよ．

問 2 膜面内に一軸異方性を有する円形の薄膜の磁化反転について考えよう．異方の容易軸は，x 軸方向にあり，異方性定数を K_u とする．磁性体は，十分小さく，単磁区構造をとるとし，反磁界の影響は無視する．今，初期状態として，$+x$ 軸方向に磁化しているときに，x 軸の $-$ 方向に磁界を加えて磁化を反転させるとする．このとき，反転に必要な磁界 H_{ex} を求めよ．

問 3 問 2 において，磁界を x 軸の $+$ 方向から 135° 方向に加えて，磁界方向に磁化反転させる場合に必要な磁界を求めよ．

問4 膜面垂直方向に一軸異方性を有するある磁性薄膜の磁化曲線を膜面内方向と膜面垂直方について測定したところ，**図9・21**のような結果が得られた．この結果より，この膜の磁気異方性定数K_uを求めよ．ただし，真空の透磁率を$\mu_0 = 4\pi \times 10^{-7}$ H/mとする．

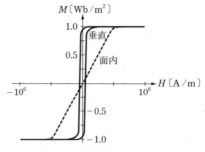

● **図9・21** ● 垂直磁化膜の磁化曲線

問5 薄膜の保磁力の原因の一つとして，膜厚の局所的な変動がある．今，**図9・22**のように厚さdの膜厚がx軸方向に$\{d - t\cos(2\pi x/\lambda)\}$で変化しているとする．$y$軸方向に磁化容易軸があり，$yz$面に平行な磁壁が$x = 0$の位置にあるとしたとき，磁壁が安定な位置から次の安定位置まで移動させるのに必要なy軸方向の磁界Hはいくらか．ただし，磁壁エネルギー密度をσ，$d \gg t$とする．

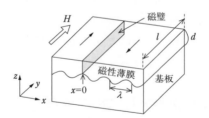

● **図9・22** ● 膜厚に変動があるときの磁壁の移動

10章

新しい機能材料(1)
光応用素子材料

本章では，光を応用した魅力ある新材料・素子(構造)について述べる．光応用素子材料としてはさまざまなものが開発されているが，ここではその中から，光の流れを制御するための素子・材料としての光ファイバ(光導波路)やフォトニック結晶，非線形光学材料などについて説明する．

●**1**● 光が得意なのは

今日の電子産業のめざましい発展は，電子の働きを中心とした半導体材料あるいは半導体デバイスの技術に負うところが大きい．一方で，情報を載せた信号を遠くへ伝送するための手段としては主に光が用いられている．こうした光通信技術の進展には，非常に小さな損失で光を遠方まで送ることができる光ファイバと，光通信用の光源である半導体レーザが開発されたことなどが大きく寄与している．光を用いることの利点としては，単に長距離伝送が可能になることだけでなく，空間的に2次元，3次元的に広がる光波を利用して大容量の情報を瞬時に処理可能なことや，光と物質との相互作用によって電子の場合とは違った光特有のさまざまな機能を実現できることが挙げられる．

●**2**● まず光と物質との関わりについて学ぼう

光は電波と同じ仲間のいわゆる電磁波である．したがって，その振る舞いはマクスウェルの方程式によって記述され，例えば位置 r における平面波の電界 E は(磁界も同様)

$$E(r, t) = E_0 \exp\{j(\omega t - k \cdot r)\} \tag{10・1}$$

のように表されることが導かれる．ここで，ω：角周波数，k：波数ベクトルである．また，光波は速度 $v = 1/\sqrt{\varepsilon\mu}$（$\varepsilon$：誘電率，$\mu$：透磁率）で物質中を伝搬することや，自由空間中でその伝搬方向は電界 E および磁界 H と直角をなすことなどもわかる．

ところで，すでに本書でも学んだように物質は原子から構成されていて，原子はさらに正の電荷を有する原子核と，負の電荷を有する電子からなっている．物

質に光が照射されると，原子核および電子は互いに反対方向に力を受けて正負電荷の中心がずれて電気双極子を形成し，分極 P を生じる．このとき，あまり大きくない電界に対しては P は E に比例し $P = \varepsilon_0 \chi E$（ε_0：真空の誘電率，χ：電気感受率）と表され，電気変位（電束密度）D は $D = \varepsilon_0 E + P = \varepsilon E$（$\varepsilon = \varepsilon_0(1 + \chi)$）と書ける．光学材料においてはほとんどの場合 $\mu = \mu_0$（μ_0：真空の透磁率）であるため，光と物質の相互作用は基本的に誘電率 ε，あるいは屈折率 $n = \sqrt{\varepsilon/\varepsilon_0} = \sqrt{\varepsilon_r}$（$\varepsilon_r$：比誘電率）によって表現される．また，物質との相互作用が光の周波数（波長）によってどのように変わるかは，ε の周波数依存性によって決まる．

　物質が等方性，つまりどの方向にも同じ性質を有する場合と違って，原子が規則正しく周期的に配列されている結晶材料では分極の大きさや向きが電界の方向に依存する異方性を有する．異方性媒質における一番大きな特徴は，光が伝搬する方向や電界の向き（偏光方向）によってその光が感じる屈折率が異なってくることである．このことを利用すると非晶質材料とは異なるさまざまな機能が実現可能である．

　以下，本章で説明する材料は基本的に誘電体材料が中心であり，半導体や磁性体からなる光応用材料については，それぞれ本書の該当する章や他書を参照してほしい．

●**3**● 光の路(みち)を作る－光導波路－

〔1〕 光導波路の構造と原理　■ ■ ■

　異なる材料，すなわち屈折率が違う物質を組み合わせることによって光を特定の方向に導くための構造を実現することができる．こうした目的の構造は光導波路と呼ばれ，その代表的なものが**光ファイバ**である．ここでは**図10・1**に示す**スラブ形**と呼ばれる構造を例にして，光導波路の原理を説明したあと，光導波路材料の性質が光波の伝搬特性にどのように影響するかについて述べる．

　図10・1の導波路は3層構造を有しているが，各領域の屈折率の間に $n_2 > n_1, n_3$ の関係があるときのみ領域2（**導波層**あるいは**コア**と呼ばれる）と領域1および領域3との境界で光の全反射が生じてコアに光が閉じ込められて伝搬を続ける．一方で領域1や領域3（**クラッド**と呼ばれる）では，伝搬方向と直角方向（z 方向）には電界強度が光の波長オーダの距離で急激に減衰して弱まる．この領域1や領域3における減衰波は**エバネッセント波**と呼ばれる．

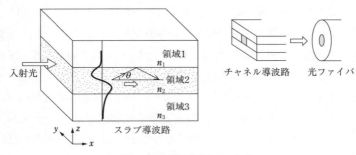

●**図10·1**● 光導波路(光ファイバ)

　また，電磁気で学んだように，異なる材料同士の境界面ではそれぞれの領域での電界の境界接線成分は連続でなければならないことから，波の伝わり方(モードと呼ばれる)を表す伝搬角 θ はとびとびの値のみが許されることになる．

　図10·1のスラブ導波路で y 軸方向と同様の構造を有するチャネル形導波路の場合も同じ議論が成り立ち，光は y 軸方向にも閉じ込められる．光ファイバはこのチャネル形導波路の断面を円形にしたものと考えることができる．光ファイバのタイプは，コアの屈折率分布に関して，コア内で屈折率が一様である**ステップインデックス(SI)型ファイバ**と，中心部分に近いほど屈折率が大きくなるような分布を持たせた**グレーデッドインデックス(GI)型ファイバ**に大きく分けられる．GI型ファイバでは各モードの伝搬速度が等しくなるため，あとで述べる**モード分散**が小さいという特徴がある．

〔**2**〕**光ファイバの材料と伝送特性** ■ ■ ■

　情報を遠くまで伝える通信用の光ファイバ伝送路としては石英ファイバが主に用いられる．石英ファイバは文字通り"石英"，つまり SiO_2 でできている．しかし，上で述べたように光導波路のコアの屈折率はクラッドの屈折率よりも大きくする必要がある．そのため，例えばコア材料については SiO_2 に GeO_2 (ゲルマニア)を添加してコア屈折率を上げたり，クラッド材料に F (フッ素)を添加してクラッド屈折率を下げたりしている．

　これに対して，それほど遠くまで光を送る必要のない用途に対してはプラスチック材料もしばしば用いられる．代表的なコア材料は**PMMA**(ポリメチルメタクリレート)である．クラッドとしてはPMMAよりも屈折率が小さいフッ素ポリマがよく使われる．

　次に，光ファイバの材料によって光の伝搬特性がどのように変わるかを考えよう．ファイバ中の光の伝搬特性としてまず重要なのは損失である．ファイバ中での伝送損失の原因は吸収と散乱である．石英光ファイバの場合，散乱は，コア中における光の波長よりも小さい寸法の微細な密度不均一性と，組成ゆらぎに起因する散乱（レーリー散乱），コア－クラッド境界の構造不均一性によるものが，また，吸収は不純物や材料固有の格子振動によるものが主である．**レーリー散乱**は波長 λ が長くなるにつれて $1/\lambda^4$ に比例して小さくなるが，一方で格子振動による赤外吸収は波長が長いほど大きくなるため，石英光ファイバの伝送損失は両者のトレードオフで決まる波長 $1.55\,\mu\mathrm{m}$ で最小の約 $0.25\,\mathrm{dB/km}$ になる．こうした状況に対して，近年では，コア材料として純粋石英を用いたファイバも登場している．純石英コアファイバでは，屈折率制御のために添加される元素との組成不均一がなくなることから，散乱損失を低下させることができる．しかしその場合にも，石英ガラスの密度不均一性は残るが，この密度ゆらぎを抑えるためにガラスを形成するときに仮想温度と呼ばれる温度を下げることでレーリー散乱損失をさらに抑えて，上述した波長 $1.55\,\mu\mathrm{m}$ での $0.25\,\mathrm{dB/km}$ を下まわる低損失が達成されている．

　ところで，光ファイバ中を伝搬する光はその伝わり方に対応するいくつかのモードに分けられることを述べたが，実は，モードによってそれぞれ伝搬特性が異なるために，同じ光源から出た光でも光ファイバ末端までの到着時間には差が出てしまう．これを**モード分散**という．長距離通信に通常使われる石英系の"シングル"モードファイバはモードが一つしかないため，モード分散はない．しかし，物質の屈折率 n は光の波長によって変わるため，光源に含まれるさまざまな波長成分によって到達時間は違ってくることになる．この波長分散はさらに，ファイバ材料の屈折率の波長依存性に起因する材料分散と，ファイバ構造に関係する構造分散に分けられるが，両者は波長 $1.31\,\mu\mathrm{m}$ においてちょうど大きさが等しく符合が逆になって互いに打ち消し合うためそこでは波長分散がなくなる．石英ファイバの伝送損失が波長 $1.55\,\mu\mathrm{m}$ において最低になるにもかかわらず $1.31\,\mu\mathrm{m}$ の波長が光通信で当初一般的に利用されたのはこのためである．

　波長分散の問題を解決するために，光ファイバの屈折率分布を工夫して構造分散を変えることによって，分散がなくなる波長を $1.55\,\mu\mathrm{m}$ に移動させた**分散シフトファイバ**や，コアの屈折率分布にさらに複雑な構造を持たせることによって分

散を制御した**分散マネジメントファイバ**も開発されている．こうした技術開発の結果として，また波長$1.55\,\mu$mでは光のままで信号を増幅できるEDFA（エルビウムが添加された光増幅器）を利用できることもあり，近年では$1.55\,\mu$m波長を用いた伝送が一般的になっている．

伝送容量に関しては，さらなる大容量伝送（100 Tbps以上）を目指して，従来からの波長分割多重技術などに加えて，1本のファイバに複数のコアを設ける**マルチコアファイバ**や，"シングル"モードではなく，信号処理などを援用しつつ複数のモードを利用して伝送容量を増やす**フューモード**（数個から10個程度のモード）**ファイバ**など空間分割多重と呼ばれる技術も研究開発されている．

プラスチック光ファイバ（POF）の吸収損失はC-H結合による分子振動吸収が大きく，代表的な材料であるPMMAの損失は100 dB/km以上ある．POFは損失が大きい一方で，曲げに強いことや接続が容易なことなど，取り扱い性に優れていることから，伝送距離を必要としないオフィスや自動車内でのLANケーブルとして多く用いられている．

〔3〕光導波路中に周期構造を作ると ■ ■ ■

さて，以上で述べた通常の光ファイバはどこでも同じ断面構造を有している．ところが，導波路の伝搬方向における屈折率に周期Λの周期構造を設けた導波路では，伝搬定数kと周期構造の波数$k_0 = 2\pi/\Lambda$との差$\Delta k = k - k_0$がある値以下になるような波長の光は，この周期構造で選択的に反射されることがわかっている．

こうした周期構造は，光ファイバに紫外線を照射すると屈折率が変化することを利用して，紫外線干渉装置を用いて作製される．こうして作製されたデバイスは**光ファイバグレーティング**，あるいは**ファイバブラッググレーティング**（FBG）と呼ばれる（**図10・2**）．応力や温度が変わると周期Λが変化するため，反射してくる光の波長のシフト量を測定することによって応力や温度などを検出するセンサとして用いることができる．FBGは広い意味で，次に述べるフォトニック結

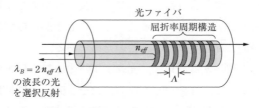

●**図10・2**●光ファイバグレーティング

晶の一種ということができる.

◎**4**◎ 光の流れを自在に制御する－フォトニック結晶－

〔1〕 フォトニック結晶とは ■■■

近年，**フォトニック結晶**という"人工結晶"が注目
されている."結晶"といっても材料が本来的に持っ
ている構造ではなく，人為的に作製された光の波長
程度の周期を有する結晶のことである. 先に例とし
て挙げた，一方向における（1次元の）屈折率周期構

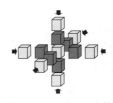

●**図10・3**●フォトニック結晶

造もその仲間といえるが，フォトニック結晶は半導体の微細加工技術やレーザビー
ムを走査するなどして，**図10・3**のように2次元あるいは3次元的に周期構造を
形成した場合に，より特異な機能を発揮する.

ここで，x方向に1次元的に誘電率が変化する構造を例にして，そうした周期
構造での光伝搬を半導体結晶中の電子の振る舞いと比較してみよう. マクスウェ
ルの方程式から，この場合には電界$E(x)$について以下のような波動方程式

$$-\frac{d^2E(x)}{dx^2} + k_0^2(1-\varepsilon_r(x))E(x) = k_0^2E(x) \qquad (10 \cdot 2)$$

を導くことができる. ところが，この式は12章で述べられているシュレーディ
ンガーの方程式と同じ形をしている. したがって，半導体結晶において周期ポテ
ンシャル構造のために電子が存在できない禁制帯（エネルギーバンドギャップ）が
存在するのと類似の関係で，比誘電率$\varepsilon_r(x)$が周期構造を有するときには，周波数，
あるいは同じことであるが波長によって伝搬ができない禁止帯（フォトニックバン
ドギャップ）が存在する.

〔2〕 光の流れを閉じ込める ■■■

上のような周期構造の一部に，他とは異なる構
造（欠陥）を形成することにより，その部分に光の
エネルギーを集中させることができる（**図10・4**）.
これは，光の波長を先ほど述べたフォトニックバ
ンドギャップ内に相当するものに選んでおくと，
欠陥部分周囲の周期構造が反射ミラーのような機
能を果たして光を閉じ込めてくれるからである.

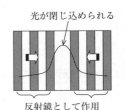

●**図10・4**●1次元フォトニック結晶
による光の閉込め

　図**10・5**は2次元のフォトニック
結晶の中に線状の欠陥構造を形成
したものを示している．この場合に，
完全な周期構造を有する方向には
光の伝搬が禁止されるために，光
はこの欠陥部分に閉じ込められ，

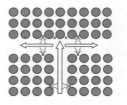

フォトニック結晶
ファイバ

●**図10・5**●2次元フォトニック結晶

それに沿って光が導かれる導波路を形成することになる．こうしたフォトニック
結晶構造を光ファイバ内に形成したものは**フォトニック結晶ファイバ（PCF）**と
呼ばれ，広帯域でゼロ分散が実現できるなど従来のファイバにはない特性が期待
されている．また，従来の平面導波路や光ファイバは，コアとクラッドとの境界
での光の全反射現象を利用して光を伝搬させているのに対して，フォトニック結
晶の導波原理は前述のフォトニックバンドギャップに基づいていることから，急
に曲げすぎて全反射が起こらなくなるようなこともない．したがって，例えば直
角に曲がるような路を形成するようなことも可能になる．こうした考えに基づい
て，全光化した超小型の光回路も提案されている．

●**5**● 非線形光学材料を使うとどんなことができるのか

〔1〕非線形光学効果　■ ■ ■

　物質に光が照射されたときに分極が生じることはすでに述べた．ただし，そこ
では分極の大きさPは電界の強さEに比例するものと仮定したが，光の強度が強
くなると非線形効果が無視できなくなり

$$P = \varepsilon_0 \chi_1 E + \varepsilon_0 \chi_2 E^2 + \varepsilon_0 \chi_3 E^3 + \cdots \tag{10・3}$$

のように表現される．ここで，χ_1が線形感受率で，$\chi_n (n \geq 2)$はn次の非線形感受
率と呼ばれる．2次の非線形効果は結晶構造が反転対称性を持たない材料だけに
現れるものであり，代表的な結晶として BBO（$\beta\text{-BaB}_2\text{O}_4$）や LN（$\text{LiNbO}_3$），
ADP（$\text{NH}_4\text{H}_2\text{PO}_4$），KDP（$\text{KH}_2\text{PO}_4$）などがある．3次の非線形効果は原理的には
すべての材料において生じる．

〔2〕非線形光学効果による波長変換　■ ■ ■

　それでは，結晶中で非線形効果が現れると，どのような機能を実現することが
可能かを考えてみよう．

　非線形光学材料はいわば混合器のようなものであり，関係する光波が有する周

波数の和や差に相当する成分を発生させることができる．したがって，2次の非線形の場合には，結晶に異なる周波数 ω_1，ω_2 を有する2種類の光が入射すると，和周波数 $\omega_1 + \omega_2$ と差周波数 $\omega_1 - \omega_2$ の光が発生する．そして，特別な場合として $\omega_1 = \omega_2$ であれば周波数が 2ω あるいは 0（直流）の光を発生させることができる．

3次の非線形の場合も同様であり，異なる三つの周波数 ω_1，ω_2，ω_3 を有する光が入射したときには，それぞれの周波数の和あるいは差で与えられる周波数を有する多数の光を発生させることができる．以上の2次および3次の非線形効果を一覧にまとめると**表10·1**，**表10·2**のようになる．

●**表10·1**●2次非線形効果

第2高調波発生	$(\omega, \omega) \rightarrow 2\omega$
和·差周波発生	$(\omega_1, \omega_2) \rightarrow \omega_1 \pm \omega_2$
光パラメトリック発振	$\omega_3 \rightarrow (\omega_1, \omega_2)$ $(\omega_1 + \omega_2 = \omega_3)$
ポッケルス効果	$(\omega, 0) \rightarrow \omega$

●**表10·2**●3次非線形効果

第3高調波発生	$(\omega, \omega, \omega) \rightarrow 3\omega$
和·差周波発生	$(\omega_1, \omega_2, \omega_3) \rightarrow \omega_1 \pm \omega_2 \pm \omega_3$
縮退4光波混合	$(\omega, \omega, \omega) \rightarrow \omega$
カー効果	$(\omega, 0, 0) \rightarrow \omega$

ここで，2次の非線形効果の代表的な機能である第2高調波発生を例にして非線形効果について少し定量的に見てみよう．結晶中を伝搬する光波を考えたとき，光波の基本波成分 $E_{(\omega)}$ と第2高調波成分 $E_{(2\omega)}$ が長さ l の結晶を伝搬したときの第2高調波の強度を求めると

$$\left(\frac{\mu}{\varepsilon}\right) \omega^2 \chi_{(2\omega)}{}^2 \left|E_{(\omega)}\right|^4 l^2 \frac{\sin^2\left(\frac{\Delta k l}{2}\right)}{\left(\frac{\Delta k l}{2}\right)^2} \tag{10·4}$$

となる（ただし，$\Delta k = k_{(2\omega)} - k_{(\omega)}$，$k_{(\omega)}$ および $k_{(2\omega)}$ はそれぞれ基本波および第2高調波の伝搬定数）．この式の形から，位相整合（p.132のコラム参照）条件 $\Delta k = 0$ を満たすときには第2高調波の強度は結晶の長さ l の2乗に比例して増大することがわかる．

一方，和周波発生の逆過程になる**光パラメトリック過程**と呼ばれる現象においては，周波数 ω_3 を有するポンプ波から，$\omega_3 = \omega_1 + \omega_2$ を満足する周波数 ω_1，ω_2 の

アイドラ光と信号光を発生させる．これは，先の第2高調波発生とは逆に，高い周波数から低い周波数への波長変換になる．最近では，このパラメトリック過程は光と電波の中間に位置する新しい波として期待されるテラヘルツ波の発振にも利用されており，ますます重要な技術になってきている．

〔3〕非線形光学効果による屈折率(位相)制御　■ ■ ■

　加える電界強度に比例して屈折率が変化する場合を1次の電気光学効果，あるいは**ポッケルス効果**という．この効果を示す材料はLNやKDPなどの2次の非線形光学材料である．例えば，1次電気光学材料に電圧を加えて結晶の異方性を変化させることにより，直交する二つの偏光の位相差を，印加電圧で変調する変調デバイスを作製することができる．

■ 位　相　整　合　■

　非線形結晶を用いると入射波と異なる周波数の光を発生して，波長変化素子として利用できる．しかし，効率良く非線形光学効果を生じさせるには"位相整合"条件を満足させる必要がある．非線形現象における位相整合とは，関与する周波数成分の波数を一致させることである．位相整合条件が満足されないと，光の伝搬とともに非線形効果に関係する各成分が互いに打ち消し合って大きな非線形効果が発揮されない．

　一般に，異なる周波数の光に対して位相整合条件を満足させるためには，結晶の複屈折性（偏光状態によって屈折率が異なる性質）が利用されるが，二つの光の進行方向が異なるなどの問題がある．これを解決するために，"疑似位相整合"という技術が使われる．**図10・6**のように，これは μm オーダの周期で材料の分極方向を反転させたマイクロドメイン構造を形成することによって二つの光の位相がちょうど逆になる位置で分極方向が反対になるようにしており，その結果，光が強め合うことになる．

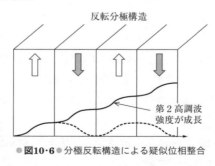

●**図10・6**● 分極反転構造による疑似位相整合

　一方，3次の非線形光学効果では，材料の屈折率が電界の2乗に，つまり光の強度に応じて変化する現象が現れる．したがって，例えば空間的に光強度が異なる場合，場所によって屈折率が変わり，例えばあたかもレンズのような作用をして光が収束する自己収束作用が起きる．また，光パルスのように時間的に光強度が変化するときにはパルスの各部分が感じる屈折率が異なることになり，このことを利用するとパルスの形を変えずに伝搬させる光ソリトン伝送なども可能となる．

〔4〕その他のさまざまな非線形光学応用　■ ■ ■

　ところで，式(10·1)で表される光波の空間項の符号を逆にした

$$E(r,t) = E_0 \exp\{j(\omega t + k \cdot r)\} \tag{10·5}$$

は，時間を止めて見れば式(10·1)で表される波と同じであるが伝搬方向がそれとは逆である光を表している．これを**位相共役波**という．3次の非線形結晶を用いると**4光波混合**という技術によってこの位相共役波を発生させることもできる．非線形媒質が反射板のように位相共役波を発生することから位相共役鏡と呼ばれる．位相共役鏡は光波の乱れを補償する目的で，光計測や光情報処理の重要な手段として活用されている．

　そのほか，物質に光が入射したとき，分子振動や音波とのエネルギーのやりとりによって，入射光とは異なる波長(周波数)の光を発生する**ラマン散乱**や**ブリルアン散乱**(**図10·7**)と呼ばれる現象を起こす材料もある．ブリルアン散乱の周波数シフトが材料のひずみに依存することや，ラマン散乱の周波数シフトが温度に依存することなどを利用して光ファイバ中でのこうした現象を用いたセンシング技術も開発されている(p.134のコラム参照)．

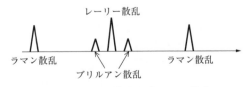

●**図10·7**●ラマン散乱とブリルアン散乱

ブリルアン散乱を利用した光ファイバセンサ

　光ファイバの一方の端部からレーザ光を入射させると光ファイバの材料である石英ガラス中でブリルアン散乱が起きる．発生するブリルアン散乱光の周波数と入射光のそれとは，ファイバ内の音波の周波数だけ異なっている．光ファイバ内で発生する音波の周波数は密度などの材料特性に依存し，それはまた温度や圧力に影響されることを用いてトンネルや橋梁などの大型構造物の遠隔監視手段として活用されている．

ま と め

- 全反射を利用した従来型の光導波路（光ファイバ）は材料の非線形現象などを利用した素子が研究されている．
- 屈折率分布に周期構造を持たせた光ファイバブラッググレーティング（FBG）はセンサなどとして活用されている．
- フォトニック結晶は屈折率分布に3次元周期構造を持たせた人工的な結晶である．
- フォトニック結晶はフォトニックバンドギャップにより光を閉じ込めることができ，種々の新しい機能素子への応用が期待されている．
- 非線形材料を用いると，未開拓の波として期待されるテラヘルツ波を発生できる．

演 習 問 題

問1　光ファイバは，その構造や材料によって，ここで述べたものを含めて多くの種類がある．それらについて調べ，それぞれの特徴をまとめよ．

問2　実効屈折率 $n_{eff} = 1.45$ を有する光ファイバブラッググレーティングで波長 $\lambda_B = 1.55\,\mu$m の光を反射させるには周期構造の周期 Λ をいくらにすればよいか．

問3　式(10·2)とシュレーディンガー方程式(12章)との対応関係について述べよ．

問4　反転対称性を有する結晶では2次の非線形効果が生じないことを示せ．

問5　式(10·5)の第2高調波の発生強度は，位相整合条件が満たされないとき $(\Delta k \neq 0)$ には結晶のある長さ lc を超えると減少してしまう．l_c を求めよ．

11章

新しい機能材料(2)
有機・バイオエレクトロニクス

　　従来は電気絶縁のようなパッシブな(受動的)機能で利用され，アクティブな(能動的)機能を有している有機材料はほとんどなかった．ここではアクティブな機能を初めて有機材料で実現した有機感光体から，フラットパネルディスプレイを支える液晶，真の電子デバイスである有機ELを含めて，次世代電子デバイスに広がる有機材料について紹介する．また生体材料と電子デバイスを組み合わせたバイオエレクトロニクスについても簡単に触れる．

●1● プラスチックに電気が流れる？－有機半導体，導電性高分子－

　　有機材料はすべて共有結合で構成され，他の金属や半導体のように結合によって連続的に広がった構造を有していないので，孤立した分子として存在する．炭素原子は**図11·1**に示すように**sp³混成軌道**，**sp²混成軌道**，**sp混成軌道**という三つの異なる形態を持っている．sp³混成軌道は正四面体の重心に炭素原子を置いたとき，それぞれの頂点に向かった四つの等価な結合手を持っている．sp²混成軌道は正三角形の重心に炭素原子を置いたとき，各頂点に向かった三つの結合手を持っており，4番目の軌道は正三角形と平面と鉛直な軌道を持っている．前者やsp³混成軌道による結合を**σ結合**と呼び，後者による結合を**π結合**と呼ぶ．sp混成軌道は炭素原子を挟んで反対方向に伸びた一直線状の二つのσ軌道とこの直線を鉛直とする平面上に二つのπ軌道を持っている．絶縁性の高い有機材料(ポリエチレンなどのビニル高分子)は主にsp³混成軌道で構成され，導電性が

sp³混成軌道
(s軌道 + p_x, p_y, p_z軌道)

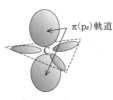

sp²混成軌道
(s軌道 + p_x, p_y軌道)

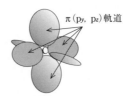

sp混成軌道
(s軌道 + p_x軌道)

●**図11·1**●三つの混成軌道

ある有機材料はsp²混成軌道，sp混成軌道が連続した分子構造をとり，これらが
π結合を形成する．π結合による電子は**π電子**と呼ばれ，これが有機材料の導電
性や光学的性質を決定する．もっとも有名なものは，2000年にノーベル化学賞
を受賞した白川英樹博士が作り出したポリアセチレンがある．ドーピングによっ
て金属並みに電子密度が向上したポリアセチレンは金属光沢を持っている．ただ
し，ポリアセチレンは大気中ではすぐに酸化するために，大気下では取り扱うこ
とができない．そこで大気下でも取り扱い可能な導電性高分子が開発された．ポ
リピロール，ポリチオフェン，ポリパラフェニレンビニレン（PPV），ポリフル
オレン，ポリシランなどである．ベンゼン環やヘテロ環（炭素以外の原子を取り
込んだ環）を主鎖骨格に持つ高分子で，**共役系導電性高分子**と呼ばれる．また，
π結合が発達した低分子量分子があるが，こうした材料も導電性がある．ただし，
導電性がそれほど高くないので，有機半導体と呼ばれる．能動的機能性有機エレ
クトロニクスに用いられる材料はすべて有機半導体と言える．高分子の中で主鎖
にはπ結合がなくて，側鎖に有機半導体と同様な官能基を持つものがある．こ
れは**非共役系導電性高分子**と呼ばれるが，ポリビニルカルバゾール（PVCz）など
が典型的な例である．

　有機半導体にも，無機半導体と同様なp形，n形という区別があるが，意味が
異なっている．無機では正孔（電子）が多数キャリヤだと，p形（n形）と呼ばれるが，
有機材料は元々絶縁体なので，正孔を流しやすい材料をp形，電子を流しやすい
材料をn形と呼ぶ．**図11·2**，**図11·3**に以下で紹介する有機半導体や導電性高分
子の例を挙げる．

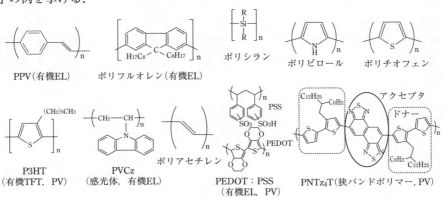

●**図11·2**●導電性高分子の例

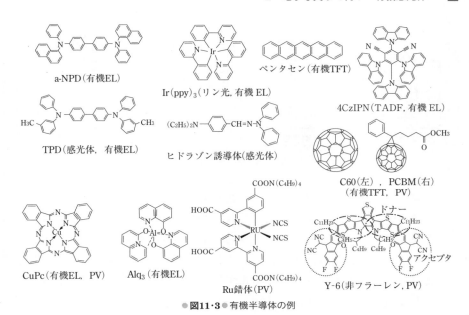

a-NPD（有機EL）

Ir(ppy)₃（リン光，有機 EL）

ペンタセン（有機TFT）

4CzIPN（TADF，有機 EL）

TPD（感光体，有機EL）

ヒドラゾン誘導体（感光体）

C60（左），PCBM（右）
（有機TFT，PV）

CuPc（有機EL，PV）

Alq₃（有機EL）

Ru錯体（PV）

Y-6（非フラーレン，PV）

●**図11・3**●有機半導体の例

●**2**● **電子写真って何？－有機感光体－**

　電子写真と言われても「？」と思う人が多いかもしれないが，コピー機と言えばわかるはず．ではどこが有機機能材料なのか？　電子写真の心臓部は外からは見えないが，感光体ドラムである．この感光体ドラムは光が当たったところだけ電気を流す材料でできている．光照射時は導電性が高くなり，非照射時は絶縁体のように導電性が低い光導電体材料であり，ドラム上の帯電電荷を光導電体で制御する．かつては金属のセレン（a-Se，移動度 10^{-5} m²/Vs，よく用いられるのは cm²/Vs なので，換算するときは 10^4 倍する）が利用されていたが，このセレンは毒性が非常に強いので，感光体ドラムの廃棄問題があった．今では安全な有機感光体材料にほぼ99％置き換わっている．ヒドラゾン系（移動度 10^{-10}〜10^{-9} m²/Vs），アミン系（移動度 10^{-8}〜10^{-4} m²/Vs）の材料が知られている．感光体ドラムは電荷発生層（厚い，感光体）と電荷発生層（薄い，フタロシアニン材料など）の二層からなる．

　電子写真の原理（**図11・4**）は

① 　感光体ドラムの表面に電子をコロナ帯電させる（このときは絶縁体なので，電荷が逃げない）．

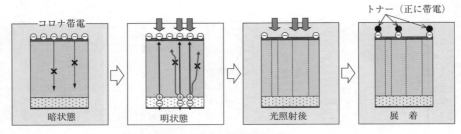

●図11・4● 電子写真の原理

② コピーしたい対象物に光を照射して反射光を感光体ドラムにあてる（白い
ところは反射率が高く，黒いところは反射率が低い）.

③ 感光体ドラムに上から光が入射すると電荷発生層に届いて電子−正孔対を
発生させる．電子は対極に吸収されるが，感光体ドラムの内部から正の電荷
が移動し，表面の電子をキャンセルする．この際に，真っ直ぐに正電荷が移
動しないとにじみの原因になるので好ましくない.

④ 光が照射されない領域には帯電が残っている（光照射領域が破線の四角）.
正に帯電したトナーを降りかけると残っている電子にトナーが引き寄せられ
感光体ドラムの表面に付く.

⑤ これを紙に転写して，焼き付ける.

というものである．このように，暗導電性と光導電性の差をうまく利用している
のが有機感光体である．一般的には光が照射した際に，正孔がよく流れるような
材料が利用される．図11・4にあるように光感光体材料として低分子材料が利用
されるので，これだけであると機械的耐久性が持たない．そのため，機械的強度
を高めるためにマトリクス高分子と組み合わせて利用する．レーザプリンタや
LEDプリンタは光源が違うとともに直接文字画像を感光体ドラムに描画する形
式であるが，原理的には同じである.

◦3◦ 光を制御する−液晶−

液晶という言葉は「液体の結晶」を意味するが，液体(等方的な材料)の有する流
動性と固体結晶の持つ異方性を兼ね備えた材料である．多くの液晶分子は芳香(ベ
ンゼン環など)環からできた機能部と長いアルキル基($C_nH_{2n+1}-$)からなる．こ
のとき芳香環が直線状に配置される場合と，平面(板)状に配置される場合がある.

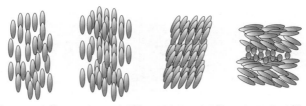

ネマティック相　スメクティックA相　スメクティックC相　コレステリック相

ディスコティック相

C_9H_{19}─〈N N〉─OC_9H_{19}

NC─〈 〉─〈 〉─C_nH_{2n+1}

●**図11・5**●液晶分子の例と配列

アルキル基による配列と芳香環による π-π スタッキングが分子配列により決定される．この分子配列の違いによって，線状分子では**ネマティック液晶，スメクティック液晶，コレステリック液晶**，板状分子では**ディスコティック液晶**と分類される．こうした液晶相はある特定の温度領域で現れることが多く，このような液晶は**サーモトロピック液晶**と呼ばれる．液晶には，適当な物質を混合して，その混合比を変えたときに特定の混合比で液晶層となる材料があり，それは**リオトロピック液晶**と呼ばれる．光デバイスには主にサーモトロピック液晶が利用される．**図11・5**に液晶分子の一例とその配列例を示す．

　二つの電極の間に棒状の液晶分子を配向させると，一般的に棒状の液晶分子は電極に平行に並ぶ．機能部が横方向に並ぶと，液晶を通過する光は結晶の旋光性の影響を受ける．電圧を電極に印加すると，液晶分子が電界方向に垂直に立つので，光は旋光性の影響を受けることなく通過する．

　光は電磁波なので，進行方向（z方向）に対して直交し，なおかつ互いに垂直な電界ベクトルと磁界ベクトルを持っている．電界ベクトルに注目したとき，xy平面のある特定の角度で直線上に振動する光を**直線偏光**と呼ぶ．いろいろな角度に振動成分を持っており，直線偏光がランダムに変化する光を**ランダム偏光**と呼び，通常の自然光がこれに相当する．ランダム偏光の場合に，すべての直線偏光をx, y成分に分けるとそれぞれの成分は光の強度の1/2に相当する．

　液晶は光を制御できるが，ランダムな光を自由に制御できるわけではない．**図11・6**にあるように，ランダム偏光の光を液晶入射前に，偏光板を利用して一方

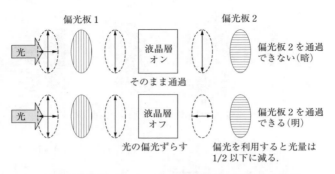

●**図11·6**● 液晶と光のオンオフ（矢印は直線偏光の方向を表す）

　向の直線偏光の光として入射させる．液晶内を光が通過する際に結晶の旋光性によって偏光の向きが変わる．液晶の出口側には直線偏光の向きが入り口と90°ずらしてある偏光板があるので，もし最初の偏光板を通った光がそのまま後ろの偏光板に入ると偏光方向が90°異なるので，光は通過できない．電圧が印加されていない状態で光が完全に透過できるように膜厚を決めておき，電圧の大きさによって光の位相を制御することにより光強度を制御する．

　光の旋光性を制御できる液晶を用いた液晶ディスプレイは，バックライトの白色光を三原色RGB（赤緑青）のフィルタを通してカラー表示を行う．かつてはLCDは視野角に難があったが，現在はほとんどが解決されている．また液晶分子は温度によって，配向（らせん状構造）が変化する．配向のピッチ（可視光の波長と同等）が変化すると，表面から入射した光が温度によって反射される波長が異なるので，違う色に見える．これが液晶サーモグラフィーと呼ばれる温度計である．11·5節の有機ELディスプレイが次世代と呼ばれて久しいが，LCDも8K（3 300万画素），16K（6 600万画素）ディスプレイと進化を続けている．

◎**4**◎ 曲げても電流を制御できる−有機トランジスター

　トランジスタの材料といえば，無機半導体それもシリコンということになるが，有機材料でもトランジスタを作ることができる．ただし，キャリヤ移動度が無機半導体（Si単結晶～0.15 m²/V·s）に比べて3桁以上小さいので，CPUなどの高性能なデバイスには向かない．通常のトランジスタはシリコン単結晶を利用して作製するが，なかにはガラス基板上に半導体層を堆積させた後，トランジスタを形

成するタイプがある．これを**薄膜トランジスタ**（thin film transistor；**TFT**）と呼び，液晶ディスプレイなどの駆動回路に用いられる．ガラス基板上の半導体層には，アモルファスシリコン（a-Si）や多結晶シリコン（p-Si）が利用されるが，キャリヤ移動度は，a-Siが数$10^{-4}\,\mathrm{m^2/V\cdot s}$，p-Siが数$10^{-2}\,\mathrm{m^2/V\cdot s}$である．有機トランジスタでは開発当初は別途結晶成長させた単結晶に電極を形成して$10^{-2}\,\mathrm{m^2/V\cdot s}$を超える移動度であったが，一般的なTFT構造の移動度は数$10^{-5}\sim10^{-4}\,\mathrm{m^2/V\cdot s}$であった．現在は新規材料の開発により，一般的なTFT構造の移動度でも$10^{-2}\,\mathrm{m^2/V\cdot s}$を超える．

TFTではゲート電極により，ソース電極とドレイン電極間の電流のオンオフを制御する．**図11·7**の例のように正孔を流しやすいp形有機半導体を形成した場合には，ゲート電圧に負の電圧を印加すると，ゲート絶縁膜界面に蓄積層が形成され，導電パスとなる．ドレイン電圧の上昇に伴い，電流は増加する．蓄積層を利用するTFTは反転層を利用するMOSFETとは異なる．

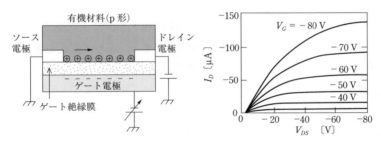

●**図11·7**●有機トランジスタのボトムゲート型構造と
ドレイン電流−ドレイン・ソース電圧特性（ペンタセン）

ゲート絶縁膜には，無機系では酸化シリコン，アルミナなどが用いられ，有機系ではポリイミド，ポリパラキシリレン（パリレン）などが用いられる．有機半導体には，p形としてペンタセン，ルブレン，チオフェン誘導体（P3HTなど），n形としてC_{60}，ペリレン誘導体などが知られている．ただし，有機TFTでは，キャリヤ注入によってキャリヤが供給されるので，同じ材料であってもソース，ドレイン電極の金属材料を変えるだけでp形からn形に変えられる．有機TFTはプラスチックフィルムに塗布や蒸着で簡単に作製できるので，こうした特徴を活かしたフレキシブルなデバイスに向いている．今後，無線タグやディスプレイなどの駆動回路などに展開していくと考えられる．

●**5**● 電気で光る－有機EL－

　周りで光るものを探すと，炎，太陽，照明，ディスプレイなどがある．ここで炎，太陽，白熱電球，赤外線ヒーターなどは基本的に発光源の高温によって光を出している．この現象は黒体放射に基づいており，熱の温度が高ければ青白っぽく見え，低ければ赤っぽく見える．蛍光ランプはガス放電によって発生させた紫外線を無機蛍光体にあてて可視光としている．人が見える電磁波のことを**可視光**と呼び，波長範囲380 nmから780 nmの電磁波である．380 nm（紫）より波長が短い光は紫外線，780 nm（赤）より波長が長い光を赤外線と呼ぶ．有機材料に電流を流すことによって，注入した電子と正孔を再結合させ可視光を取り出すデバイスが**有機EL**である．

　ELとは電界発光（electroluminescence）の略であり，電気エネルギーによって材料を刺激して光エネルギーに変換することが電界発光である．光で刺激した発光を**光ルミネッセンス**（PL）と呼ぶが，有機ELに用いられる有機材料はPLを示す材料である．有機ELの構造の一例は，**図11・8**に示すように透明電極（ITO）／正孔注入層／正孔輸送層／発光層／電子輸送層／電子注入層／陰極金属である．正孔注入材料には，銅フタロシアニン（CuPc），ポリチオフェン誘導体（PEDOT：PSS），ポリアニリン誘導体，酸化モリブデンなどが用いられる．正孔輸送材料は，p形の材料になりやすいトリフェニルアミンを骨格に持った誘導体（α-NPD，TPDなど）が多く知られている．電子輸送層はn形になりやすいオキサジアゾール誘導体（を有する），トリアゾール誘導体（を有する），シロール誘導体（を有するを有する）が知られている．電子注入材料には，アルカリ金属やアルカリ土類金属のハロゲン化物，酸化物が用いられるが，近年は分子分極を利用した低分子タイプの注入材料が開発されいる．発光材料には，上で述べた導電性高分子を利用

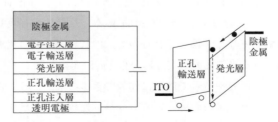

●**図11・8**● 有機EL（ボトムエミッション型）の構造と発光原理（基本二層構造）

したものと低分子有機半導体を利用したものがある．**高分子EL**とも呼ばれる導電性高分子を利用した有機ELはキャスト法で作製されるので，何層も塗ると下部層が溶けてしまい多層構造を利用できない．低分子有機半導体では主に真空蒸着で作製されるので，上記の多層構造が利用できる．これ以外に発光形態として蛍光と燐光という区別ができる．有機材料では再結合により一重項励起状態と三重項励起状態が1対3の割合で生成する．一重項状態からの発光が蛍光で，三重項状態からの発光が燐光となる．重原子効果により一重項状態から三重項状態にすべてエネルギー移動（項間交差）させて生成した励起子をすべて利用できる．希少金属であるIr, Pt誘導体などの発光材料を利用した素子をリン光素子（あえてカタカナを利用して燐光と区別する）と呼ぶ．有機ELではリン光材料が主流となっているが，この希少金属の利用が低コスト化の障害の一つである．そこで，リン光材料とは逆の発想で，キャリヤ再結合により生成された三重項状態から一重項状態に熱エネルギーで遷移させ（逆項間交差），すべて一重項状態から蛍光発光させる材料が開発された．これが熱遅延化蛍光材料（thermally activated delayed fluorescence, TADF）である．希少金属を利用しないために低コスト化が実現できる．詳細については参考図書を参照してほしい．

　有機ELの特徴は，平面発光体，薄膜，高速動作，軽量化・フレキシブル化可能などが挙げられる．現在では巻き取り型の大型テレビが販売されている．ディスプレイなどの表示素子以外に照明デバイスとしても期待されている．**表11·1**に他の照明用光源と比較した特徴を挙げておく．蛍光ランプなどは拡散光を得るために，プラスチックのカバーを掛けることが多いが，これを行うと効率は50％程度に落ちるので，拡散面光源としては有機ELの方が効率として有利かもしれないが，LEDの低価格化と普及速度には追随できていない．

●**表11·1**●種々の照明用光源の特徴

	有機 EL	白熱電球	蛍光ランプ	LED
発光原理	電界発光	黒体放射	放電	電界発光
効率〔lm/W〕	60～80	10～20	60～100	70～90
相対価格	>10	～0.1	1	♯4
寿命〔時間〕	～6 000	～1 000	～10 000	>40 000
UV 光有無	無	無	有	無
その他	面光源		水銀有 点灯ラグ有り	点光源 指向性

────────────── ■ **無機 EL と LED** □ ──────────────

　有機 EL と比較されるものに無機 EL がある．ただし，名前は似ているが無機 EL は有機 EL と発光原理が全く違う．半導体（例えば ZnS など）の中に発光中心となる金属イオン（希土類金属や Mn など）を導入して，両側を絶縁体に挟んで，100 ～ 200V の交流電圧を印加する．半周期で加速された電子が発光中心に衝突し運動エネルギーを与えて，発光する（真性 EL）．もし直流を印加すると電子が片方に集まってそれ以上発光しないので，電圧の向きが反転する交流を印加する．ディスプレイ用として，橙色の単色ディスプレイが 1980 年代には実用化されたが，多色化や生産コスト問題が解決できないために，ディスプレイとしての開発は中止された．しかしながら，無機 EL に利用していた無機蛍光材料は量子ドットとして近年注目を浴びており，液晶ディスプレイの光変換層（量子ドットに再吸収されより色純度の高い発光となる）に利用されたり，直接量子ドット LED として利用されつつある．

　有機 EL は**有機 LED** とも呼ばれる．無機半導体 LED も電子と正孔を注入して再結合により，発光する（注入型 EL）．有機 EL と似ているのは，LED（無機半導体 LED）である．近年は耐久性に優れた微小な LED を 1 画素として配置してディスプレイとした μ-LED ディスプレイが注目されている．（なお，通常は導光板の横に LED を配置するが，狭いエリアに LED バック光源を利用したディスプレイを mini-LED ディスプレイと呼び，たいへん紛らわしい）．それぞれの特徴を**表 11・2** にまとめ，有機 EL と比較した．

● 表11・2 ● 有機EL, LED, 無機ELの比較

	LED	有機 EL	無機 EL
発光原理	注入型 EL	注入型 EL	真性 EL
発光形状	点発光	面発光	面発光
駆動電源	直流 <10 V	直流～10 V	交流 数100 V, 数 kHz
蛍光体	半導体結晶	有機色素	無機蛍光体
作製手法	単結晶成長	真空蒸着[＋塗布]	塗布（分散型）
特　徴	多色容易, 高輝度, 高電流駆動可能	多色容易, 高輝度	多色化困難, 低輝度

◦**6**◦ 光を電気に変える－有機光電変換－

　有機ELは電気エネルギーを光エネルギーに変換するデバイスであるが，光エネルギーを電気エネルギーに変えるデバイスが**太陽電池**である．有機系の太陽電池には**図11·9**に示す三種類がある．（a）酸化チタンナノ粒子膜と組み合わせた**色素増感太陽電池**，（b）有機ELと同様な有機多層膜の**有機薄膜太陽電池**，（c）ペロブスカイト材料を利用した**ペロブスカイト太陽電池**である．有機系太陽電池の特徴は，低温プロセス（低温といっても高温（500～600℃以上ではない）という意味）によって作製することが可能になる．

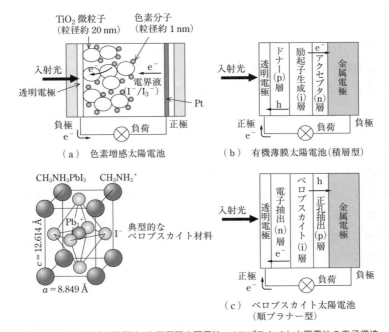

●**図11·9**● 色素増感太陽電池，有機薄膜太陽電池，ペロブスカイト太陽電池の素子構造

　有機薄膜太陽電池は，電子を失いやすい性質を持ったドナー材料と電子を受け取りやすい性質を持ったアクセプタ材料を二層，もしくは混合した状態（バルクヘテロ型，i層と呼ばれる励起子生成層）で用いる．（b）の構造を順構造，ドナーとアクセプタ層が入れ替わっているものを逆構造と呼ぶ．ドナー材料には金属フタロシアニンやポリチオフェン誘導体（P3HT），アクセプタ材料にはペリレン誘

導体，C_{60}，フラーレン誘導体（PCBM）などが用いられる．特に高分子骨格にもドナー−アクセプタ部位を取り込んだ狭バンドポリマーは低エネルギー光を吸収できるので，近年活発に開発されている．光を吸収した有機材料が励起子を生じ，ドナー−アクセプタ界面まで濃度拡散すると，ドナーに正孔，アクセプタに電子が分離されて，そのキャリヤが正極と負極に移動することにより電流が流れる．フラーレン材料は高価であるとともに，その吸収は紫外光領域なので，フラーレン系アクセプタ材料の利用では10％程度の変換効率であった．近年可視光領域に吸収を持つ非フラーレン系アクセプタ材料が開発され，2022年現在で変換効率は18％以上に達した．

　色素増感太陽電池は，スイス・ローザンヌ大学のグレッツェル博士が1991年に発表した湿式の太陽電池で，**グレッツェルセル**とも呼ばれる．フッ素ドープした酸化錫（FTO）膜に粒径が10 nm程度のTiO_2ナノ粒子を焼結すると，ナノサイズの穴が無数に空いた（ナノポーラスな）膜が形成される．その表面にルテニウム錯体を吸着させる．一層の色素−TiO_2界面では光が1回しか通過できないが，ナノポーラスな膜では内部表面積が1 000倍にも達するので，何層もの界面を光が通過して効率良く光を吸収することができる．有機色素が光を吸収すると電子をTiO_2に渡す．一方，電解液中に含まれているヨウ素イオンから電子が有機色素に供給される．ヨウ素は正極から電子を運び，負極に形成されたTiO_2層から電子が負荷を通して正極に流れ込む．DSCの変換効率はほとんど飽和しており12％程度である．

　2010年以降急速な変換効率の上昇を見せているのは，桐蔭横浜大学の宮坂教授らの色素増感太陽電池への応用に端を持つペロブスカイト太陽電池である．基本結晶で体心に2価金属，面心に1価原子，頂点に1価の原子・分子を有する構造である．特に著名なのはハロゲン化鉛ペロブスカイト$CH_3NH_3PbI_3$であり，バンドギャップがほぼ1.43 eVとGaAsに近い値である．Shockley-Queisser限界では，約33％の理論変換効率が見込まれる．ペロブスカイト太陽電池は電子抽出層（主に酸化物半導体）と正孔抽出層（有機ELの正孔輸送層に類似）で挟み込んだ構造を有している．図11・9(c)のように透明電極側に電子抽出層を持つものを順構造，透明電極側に正孔抽出層を有する構造を逆構造と呼ぶ．(b)と(c)を比べるとわかるが，有機薄膜とペロブスカイトとはほぼ同じ構造の太陽電池であるがそれぞれ異なる言い方をしているのが問題となっている．それを避けるために

は，p-i-n，n-i-p構造と呼ぶと混乱がなくなる．ペロブスカイト材料の励起子解離エネルギーは小さく，ほぼ発生と同時に消滅し電子と正孔に解離する．キャリヤ寿命も長いため拡散長も長く，それぞれキャリヤ抽出層から取り出される．この太陽電池の原理は現在最も普及しているシリコン太陽電池と同じである．2023年には変換効率が26.1%に達した．鉛などの人体に影響のある元素を利用しているが，非鉛ペロブスカイト材料の開発も進行中である．また，ペロブスカイト太陽電池とシリコン太陽電池を積層したタンデムセルの開発も検討が進んでいる．光化学反応を利用して，有用物質を作り出す「人工光合成」も種々の提案がされているので，今後注目したい．

　太陽電池は光を電気エネルギーとして取り出すが，光を電気信号として取り出すと光センサとなり，例えば有機撮像素子がある．光イメージセンサとしては，CCDとCMOSがあるが，両者の光センシングは基本的にSiフォトダイオードをベースとしている．Siの吸収は可視光から近赤外領域まで広がっているので，カラーセンサはRGBのフィルタを利用して色を分解する．そのため，各色センサ部は有効面積1/3ずつとなるので，光量を補うため面積を小さくできない．一方，有機材料の場合には，RGBに相当する狭い光吸収を持つ材料を選択して光電変換すればよいので，縦方向に並べることができる．そのため，単純にはSiの1/3の面積でも十分な性能を得られる．

●7● バイオエレクトロニクス

　バイオエレクトロニクスの実現には，生体材料であるタンパク質，酵素，受容体，抗原/抗体，DNA，ニューロン，細胞などを，エレクトロニクスデバイスである電極，FET，圧電チップ，STMチップと組み合わせることが必要である（**図11・10**）．特に近年では金属や半導体ナノ粒子，ナノロッド，ナノワイヤー，カーボンナノチューブの利用により，この分野に広がりをもたらしている．バイオエレクトロニクスにおいて，重要なのは生物的信号を電気的信号にいかに効率良く変換するかである．バ

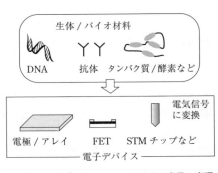

●**図11・10**● バイオエレクトロニクス素子の実現

イオセンサ，バイオ燃料電池，DNAセンサ，イオン・電子インタフェース，ニューロン・シリコン回路，脳・シリコンチップ，核酸によるコンピューティングなどが検討されている．

ま　と　め

- π共役系電子が有機材料の導電性・発光性・光電変換性を実現している．
- 明暗状態での導電性の違いが電子写真の感光体材料のキーテクノロジーである．
- 有機トランジスタの移動度は a-Si と同程度以上であるが，キャリヤ種を電極材料やゲート電圧で制御できる．
- 液晶分子の配向を制御すると光強度を制御できる．
- 有機 EL は LED と同様なキャリヤ再結合により発光し，面発光が実現できる．
- 光電変換には，太陽電池とセンサに利用できる．キャリヤ発生と電荷輸送が重要である．
- バイオエレクトロニクスは，生体材料とエレクトロニクスデバイスを組み合わせたものである．
- 有機材料は軽量，フレキシブル，印刷技術の適用，室温での作製などの利点がある．

演 習 問 題

問1　有機材料の導電性の元になる炭素分子の軌道について述べよ．

問2　有機半導体や導電性高分子のp形，n形を説明せよ．

問3　電子写真では，トナー（正に帯電）を感光体ドラム上に付着させるために，負の電荷をコロナ帯電させる．光照射をすると光導電体の導電率が上昇するとともに，正負の電荷が感光体中心側電極近傍で発生する．光照射前後の光導電体中のキャリヤの振る舞いを考えよ．

問4　直線偏光した光が通過する偏光フィルタの偏光方向と90°ずれていると，光は偏光フィルタを通過できない．液晶中ではどのようになれば，光は通過できるようになるかを考えよ．

問5　MOSトランジスタと有機TFTの動作原理の違いについて述べよ．

問6　低分子有機半導体を利用した有機EL素子では多層試料構造が最適である理由を述べよ．

問7　シリコン太陽電池と比較して，有機薄膜太陽電池やペロブスカイト太陽電池の発電機構の違いを述べよ．

12章

新しい機能材料(3)
ナノ材料：極微細構造で発現する機能と魅力

　　ナノとは10^{-9}を表す．ナノメートル程度の大きさを持つ材料をナノ材料
と呼ぶ．ナノスケールの構造に電子を閉じ込めると，電子の粒子性や波動性
が顕著に現れる．近年，それを操って，さまざまなデバイスに応用しようと
いう試みがなされている．本章では，代表的なナノ材料であるカーボンナノ
チューブと量子ドットを通じて，ナノテクノロジーがエレクトロニクスをど
のように変えるか考えてみよう．

●1● ナノ構造に電子を閉じ込めると何が起こるか

〔1〕電子エネルギーの量子化 ■ ■ ■

　電子は粒子性と波動性を併せ持つ．固体中の電子のド・ブロイ波長（$\lambda = h/p$）
は数nm〜数10 nmである．ド・ブロイ波と同程度の大きさを持つ構造に電子を
閉じ込める．このような電子を閉じ込める構造を量子井戸と呼ぶ．例えば，量子
井戸は，GaAsとAlGaAsのように，バンドギャップの異なる半導体材料を積層
した"ヘテロ接合"によって形成できる．

　量子井戸内の電子の振る舞いは**シュレーディンガー方程式**

$$\left(-\frac{\hbar^2}{2m}\frac{d^2}{dx^2} + V(x)\right)\varphi(x) = E\varphi(x) \tag{12・1}$$

で記述することができる．$\varphi(x)$は電子の波
動関数，$V(x)$は量子井戸のポテンシャルで
ある．ここでは，**図12・1**に示すように，無
限に高い障壁を持つ井戸型ポテンシャルにつ
いて考える．量子井戸の幅をaとする．電子
は量子井戸内に閉じ込められており，障壁の
領域では存在しない．したがって，境界条件
として$\varphi(0) = \varphi(a) = 0$が与えられる．この
境界条件によって，固定端の弦の振動と同様

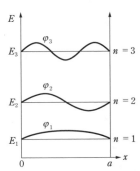

●**図12・1**●無限量子井戸における波動関数

149

に，波動関数は定在波となり

$$\varphi_n(x) = \sqrt{\frac{2}{a}} \sin \frac{n\pi}{a} x \quad (n = 1, 2, 3, \dots) \tag{12・2}$$

のように表される．つまり，特定のド・ブロイ波長を持つ電子のみが存在でき，電子の状態は離散化される．電子の持つエネルギーは量子化され

$$E_n = \frac{\hbar^2 \pi^2 n^2}{2ma^2} \tag{12・3}$$

のように与えられる．これを，**エネルギー固有値**と呼ぶ．

　量子準位を利用した量子効果デバイスが室温で動作するためには，量子準位の間隔が熱エネルギー$k_B T = 26\,\mathrm{meV}$より十分大きくなければならない．例えば，GaAsのような電子の有効質量mが小さい材料を用い，量子井戸の幅aを10 nm程度まで小さくすればそれを実現できる．

〔2〕低次元構造の状態密度 ■■■

　前項では1次元の井戸型ポテンシャルについて学んだが，実際には通常の物体は3次元である．量子閉込めの次元によって状態密度はどのように変わるだろうか．

　十分にサイズの大きい材料(**バルク材料**と呼ぶ)において，電子は3次元の各方向に対して自由度を持つ．この場合，電子のエネルギーをEとすると，状態密度は$\sqrt{E}$に比例する(**図12・2**(a))．材料の厚さをド・ブロイ波長程度に薄くし，厚さ方向に電子を閉じ込めると，厚さ方向のエネルギーは量子化され離散的になる(図12・2(b))．一方，面内の運動に対しては自由度を持つ．このような2次元量

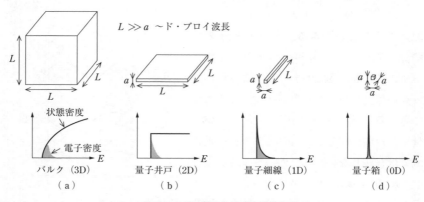

●**図12・2**●量子閉込め構造の状態密度

子井戸構造において，状態密度は階段状になる．2方向に対して電子を閉じ込めると，電子は1次元方向のみに運動が可能な1次元構造となる（図12·2 (c)）．このような構造を**量子細線**と呼ぶ．量子細線では，量子準位において状態密度が発散する．すべての方向を閉じ込めると0次元構造となる．これを**量子箱（量子ドット）**と呼ぶ（図12·2 (d)）．量子ドット構造では，原子と同様に状態が完全に離散化し，デルタ関数的な状態密度を持つ．このため，量子ドットは人工原子とも呼ばれる．

　構造を低次元化すると，状態密度のエネルギー分布が狭くなる．これにより，電子のエネルギー分布も狭くなり，特定のエネルギーに電子が集中する．したがって，量子細線や量子ドットを用いることにより，半導体レーザの発振しきい値電流が低減できる．

〔3〕トンネル効果 ■■■

　有限の高さを持つポテンシャル障壁がある．古典力学によると，この障壁を越えるためには，粒子は障壁のポテンシャルより大きい運動エネルギーを持たなければならない．例えば，ボールを壁に向かって投げ，壁を越そうとする場合，その壁の高さに相当する位置エネルギーより大きな運動エネルギーを上向きの初速度としてボールに与える必要がある．

　ところが，量子力学の世界では，粒子がポテンシャル障壁を越えるためには，必ずしも障壁のポテンシャルより大きい運動エネルギーを持つ必要はない．**図12·3**のように，高さV_0の非常に薄いポテンシャル障壁がある．V_0より小さいエネルギーE_0を持つ電子が障壁の左側から入射したとする．ポテンシャル障壁の高さが有限の場合，波動関数は障壁の中においても有限の振幅を持つ．すると，入射した波動関数の一部はポテンシャル障壁の反対側まで染み出し，障壁の右側へ伝搬する．つまり，ある確率で電子はポテンシャル障壁の右側に通り抜けることができる．これを**トンネル効果**という．

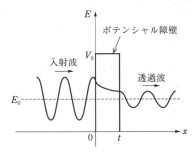

●図12·3● トンネル現象

　トンネル効果を利用した電子素子としては，**トンネルダイオード**（エサキダイオード）や共鳴トンネルダイオードが知られている．特に，共鳴トンネルダイオードはテラヘルツ（10^{12} Hz）領域で動作する高速な固体素子であり，テラヘルツ波を

用いた非破壊検査への応用が期待されている.

〔4〕どのようにナノ構造を作るか？ －トップダウンとボトムアップ ■■■

　ナノ構造を形成する手法として，**トップダウン**と**ボトムアップ**という二つのアプローチがある．トップダウンプロセスは，リソグラフィやエッチングなどの微細加工技術を用いて，大きな構造からナノ構造を削り出す手法である．大量生産に向いており，現在の半導体製造技術の根幹をなしている．一方，数10 nm以下の大きさでは，加工精度が低下し，微細化に限界がある．また，加工表面に導入される欠陥によって，量子状態が乱されることも多い.

　ボトムアッププロセスは，化学反応や分子間力などの相互作用を用いて，原子や分子からナノ構造を組み上げる手法である．例えば，分子線エピタキシ法などの半導体結晶成長技術では，前述の量子井戸構造を1原子層の精度で形成できる．また，カーボンナノチューブのような1 nm程度の極微細構造も形成できる．このように，原子や分子が自然に集まって構造を形成する現象を**自己組織化現象**と呼ぶ．ボトムアップによるナノ構造形成技術では，10 nm以下の極微細構造が高品質に形成できる．一方，ナノ構造ではわずかな構造の違いによって，その特性が大きく変化するため，構造の精密な制御が課題である．ナノ構造をエレクトロニクス産業に応用する場合，トップダウンプロセスとボトムアッププロセスのそれぞれの利点を活かした作製技術を開発する必要がある.

●2● 量子ドットについて知ろう

〔1〕量子ドット：電子を閉じ込める"箱" ■■■

　前節で述べたように，**量子ドット**は電子を閉じ込めることができる微小な箱であり，電子の状態は完全に離散的になる．パウリの排他律によると，一つの状態に電子は1個だけ入ることができる（スピンを考慮すると2個の電子が入ることができる）．したがって，離散化した状態を用いると，電子を1個ずつ操ることが可能となる.

　また，式(12・3)から予想できるように，量子閉込めの強い（大きさの小さい）量子ドットでは，その大きさをわずかに変化させると，量子準位が大きく変化する．したがって，光学材料として用いた場合，同じ材料であっても，大きさを変えることによりさまざまな波長において発光や光の吸収が可能となる．例えば，CdSeの場合，バルク材料のバンドギャップは1.74 eV（波長714 nm, 赤色）であ

るが，量子ドットの場合，大きさを6.5 nmから2.5nmまで変化させると，発光波長は640 nm（赤色）から480m（青色）まで変化させることができる．さらに材料の組成を変えると広い波長範囲で発光を得ることができ，例えば，PbSは近赤外域（800〜1 500 nm），CdSは紫色〜近紫外域（350〜450 nm）で発光できる．

〔**2**〕**量子ドットの作製方法** ■ ■ ■

　量子ドットはリソグラフィなどの微細加工技術を用いて作製することも可能であるが，ボトムアップ的方法では，より微細で高品質な量子ドットが作製できる．代表的な方法としては，**図12・4**のような半導体結晶の成長において発生する自己形成現象を利用する方法がある．例えば，GaAs基板上のInAsのように，下地の結晶と異なる格子定数を持つ結晶を成長させようとすると，成長層のひずみのエネルギーを緩和するためInAsが島状に成長し，量子ドットが形成される．このような島状成長を**ストランスキー・クラスタノフ成長モード**と呼ぶ．この方法では，半導体結晶の中に量子ドットを埋め込むことが可能であり，主に半導体レーザなどの光デバイスに用いられる．

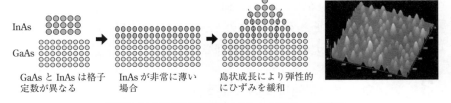

InAs		
GaAs		
GaAsとInAsは格子定数が異なる	InAsが非常に薄い場合	島状成長により弾性的にひずみを緩和

●**図12・4**● 自己組織化現象によるInAs量子ドットの成長

　一方，液相化学合成法によって，CdSeなどの半導体量子ドットを安価で多量に合成することが可能である．例えば，ホットインジェクション法と呼ばれる方法がある．界面活性剤を含む高温の溶媒に有機金属化合物の前駆体を急速に注入することにより，均一な核形成が行われる．成長が進むにつれ，成長速度が低下し，粒径の揃った量子ドットが得られる．溶媒の温度や界面活性剤の濃度，成長時間を調整することで，量子ドットの粒径を制御できる．このような量子ドットは，有機色素に代わる蛍光材料としても有用である．

〔**3**〕**量子ドットの応用** ■ ■ ■

　量子ドットが持つ離散的なエネルギー準位を利用して，さまざまな光デバイスや電子デバイスへの応用が考案されている．電子デバイスとしては，単電子トラ

ンジスタが挙げられる．量子ドットのような微小構造では電子同士のクーロン反発力によって個々の電子を操作することができるようになる．単電子トランジスタでは，動作に使用される電子の数が少ないので，低消費電力な論理回路やメモリ，電荷検出センサが実現できる．

　光デバイスとしては，まず量子ドットレーザが挙げられる．これは半導体レーザの活性層に量子ドットを埋め込んだ構造を持っている．前述のように，バルク材料の場合，有限の温度では電子のエネルギーは熱エネルギーにより広がりを持つ．量子ドットにおいては，デルタ関数的な状態を持つため，熱エネルギーによる電子エネルギーの広がりは小さい．したがって，特定のエネルギーに電子が集中しているため，レーザ発振に必要な注入電流（しきい値電流）が小さく，低く，また消費電力が小さい．また，温度による発振特性の変化が小さく，温度制御装置が不要などの利点もある．

　また，近年，CdSeなどの量子ドットを蛍光体に用いたディスプレイが市場に投入されている．赤や緑に発光するよう直径を制御した量子ドットを作製し，青色LEDを用いて励起することにより，RGB（赤・緑・青）の発色を実現している．量子ドットを用いることにより，従来のカラーフィルタを用いたディスプレイより，明るく発色のよいディスプレイが実現されている．

●3● ナノカーボン材料について知ろう

〔1〕 多様なカーボン同素体 ■ ■ ■

　炭素原子は最外殻軌道に4個の価電子を持つため，4本の共有結合を作ることができる．炭素同士の結合では，sp結合，sp^2結合，sp^3結合があり，結合形態によって，いくつかの同素体を形成する（**図12・5**）．例えば，sp^3結合の場合は立体的な構造をとる．4本のsp^3結合により正四面体構造を形成したものがダイヤモンドである．3本のsp^2結合により炭素原子同士が結合すると，**グラフェン**と呼ばれる平面的な正六角形のネットワークを形成する．**グラファイト**はグラフェンが何層にも重なってできている．

　これらは同じ炭素からできた同素体であるが，電気伝導性が全く異なる．例えば，ダイヤモンドは絶縁体であるが，グラフェンやグラファイトは電気伝導性を持つ．ダイヤモンドの場合，4本の共有結合がsp^3混成軌道による強固な σ 結合であるのに対し，グラフェンやグラファイトの場合，4本の共有結合のうち，3

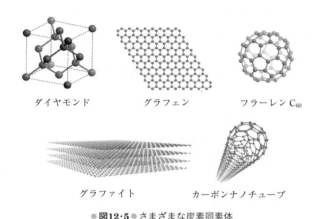

ダイヤモンド　　　グラフェン　　　フラーレン C_{60}

グラファイト　　　カーボンナノチューブ

● **図12·5** ● さまざまな炭素同素体

本はsp^2による σ 結合であるが，1本はπ結合である．π 結合の電子は炭素原子による束縛が弱く，わずかなエネルギーにより自由キャリヤとなるため，伝導性を生じる．

　これらの同素体は古くから知られていたが，次のようなナノカーボン材料も炭素同素体である．**フラーレンC_{60}**は炭素原子60個で構成されるサッカーボール状のナノカーボン材料である．1970年に大澤がその存在を予想し，1985年にクロトーらにより発見された．その後，炭素数が70，72，74，…などのフラーレンも発見されている．さらに，1991年には飯島によりカーボンナノチューブという新物質が発見されている．**カーボンナノチューブ**はグラフェンを丸めて円筒状にした細長い物質である．電気伝導，熱伝導，機械的強度など多くの点で優れた特性を持っており，多種多様な応用が期待されている．

〔2〕**グラフェンとカーボンナノチューブの構造と電子状態** ■ ■ ■

　図12·5で示したように，グラフェンは炭素の六員環で構成される二次元材料である．バンドギャップがなく，結合性 π 軌道に由来する価電子帯と反結合性π 軌道に由来する伝導帯とが接した特異なエネルギーバンド構造を持っており，電気的には金属的な特性を持つ．理論的には電子や正孔の有効質量はゼロであり，極めて高速なキャリヤが得られる．

　カーボンナノチューブは，**図12·6**に示すように，グラフェンを切り出し，継ぎ目なく円筒状に丸めた一次元材料である．ナノチューブの構造は，その円周に

対応するカイラルベクトル C_h によって決定される．C_h はグラフェンの基本格子ベクトル a_1, a_2 を用いて

$$C_h = na_1 + ma_2 \tag{12・4}$$

のように表される．ここで，n, m は0以上の整数であり，(n, m) はカイラル指数と呼ばれる．

ナノチューブの直径 d_t は n, m の関数であり

$$d_t = \frac{|C_h|}{\pi} = \frac{a\sqrt{n^2 + m^2 + nm}}{\pi} \quad (a = |a_1| = |a_2| \approx 0.249\,\text{nm}) \tag{12・5}$$

で与えられる．

カーボンナノチューブの状態密度は，**図12・7** に示すように，量子閉じ込め効

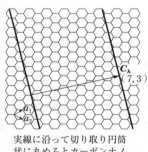

実線に沿って切り取り円筒状に丸めるとカーボンナノチューブができる.

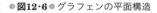

●**図12・6**● グラフェンの平面構造

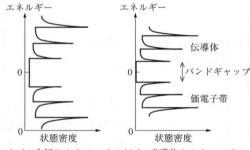

（a）金属ナノチューブ　（b）半導体ナノチューブ

●**図12・7**● カーボンナノチューブの状態密度

果によって，1次元構造特有の発散を持つ．$n-m$ が3の倍数の場合，価電子帯と伝導帯が接しており，バンドギャップがなく，連続的な状態密度を持つ．したがって，グラフェンと同様に金属的な特性を持つナノチューブになる．それ以外の場合，つまり $n-m$ が3の倍数でない場合は，バンドギャップが生じ，半導体ナノチューブになる．なお，半導体ナノチューブのバンドギャップ（E_g）は直径（d_t）にほぼ反比例し

$$E_g \sim \frac{0.9\,[\text{eV}]}{d_t\,[\text{nm}]} \tag{12・6}$$

である．

〔**3**〕**カーボンナノチューブの特徴**　■ ■ ■

（a）構造的特徴

カーボンナノチューブは直径が1 nm程度と非常に細く，また，長さは数10 nmから数mmにもなる．先端が鋭く，アスペクト比（縦横比）が非常に大きい構造を持つ．内側には分子などを内包する空間を持つ．

（b）機械的強度

炭素のsp²結合は化学結合の中で最も強く，カーボンナノチューブの引張強度は50 GPa以上であり，あらゆる物質の中で最も大きい（例えば，鋼鉄の引張強度は2.3 GPa）．一方，曲げに対しては非常に柔らかく弾性に富む．

（c）電気伝導特性

伝導キャリヤの平均自由行程は数100 nmと長く，それより短い距離ではキャリヤは散乱されることなく伝導する．これを**バリスティック**（弾道的）**伝導**と呼び，キャリヤは高速に伝導する．半導体ナノチューブは高いキャリヤ移動度を持ち，電子・正孔ともに室温で100 000 cm²/V·s程度と考えられている．金属ナノチューブでは，sp²結合の安定性により，銅の1 000倍以上の高い電流密度が得られる．通常，金属線を細くすると，電子の散乱が増加して電気抵抗が高くなるが，カーボンナノチューブの場合は電子の散乱が少なく，極細の線であっても抵抗は小さい．

（d）光学的特性

半導体ナノチューブは直接遷移型バンドギャップを持つため，光の吸収や発光が可能である．1次元構造のため強い偏光特性を持ち，ナノチューブの軸方向の偏光に対して強い光学遷移を生じるが，軸に垂直な方向の偏光に対しては，光学遷移はほとんど起こらない．直径によってバンドギャップが変化するため，光吸収や発光の波長が変化する．

（e）熱伝導特性

1次元構造のため，熱を運ぶフォノンが散乱されにくく，さらに炭素の強い共有結合により，フォノンは高速に伝搬する．したがって，カーボンナノチューブの熱伝導率は非常に高い．例えば，カーボンナノチューブの熱伝導率は，ダイヤモンドの熱伝導率2 000 W/（m·K）を遥かに凌ぐ，6 600 W/（m·K）との計算結果もある．実験的な検証は未だ不十分であるが，最近の実験では1 000〜2 000 W/（m·K）という値が得られている．

(f) 表面積

カーボンナノチューブはすべての原子が表面に存在し，またチューブの内側も表面といえる．したがって，単位重量当たりの表面積が非常に大きく3 000 m^2/gにも達する．

〔4〕カーボンナノチューブの電気・電子応用 ■■■

カーボンナノチューブは，前述のように多くの特徴を備えており，機械・電子・医療などあらゆる分野で注目されている．特に，電気・電子応用としては，エネルギー関連技術から半導体関連技術，表示デバイス関連技術まで多岐にわたる．

電気・電子応用においては，使用するナノチューブの量や形態によって使い方が分類できる．図12・8に，さまざまな応用例を，使用するナノチューブの量を横軸に，技術的な難易度を縦軸として示す．応用の一つは多量のナノチューブを用いるものである（バルク応用）．この場合，ナノチューブの良好な電気伝導特性に加えて，ナノチューブ集合体の持つ巨大な表面積を利用するものが多い．例えば，リチウムイオン電池や燃料電池などの電池の電極材料，スーパーキャパシタの電極材料などが挙げられる．このような応用では，ナノチューブのカイラル指数などの構造を制御する必要はなく，技術的な難易度は低い．

二つ目の応用は，少量のナノチューブで構成されるナノチューブ薄膜である．ナノチューブ薄膜は，良好な電気伝導に加えて，機械的柔軟性と光透過性を持つ．したがって，フラットパネルディスプレイなどに用いられる透明導電性膜や薄膜

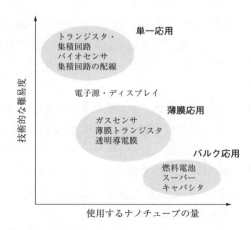

●図12・8●さまざまなカーボンナノチューブの応用例

トランジスタ(TFT)として期待されている．現在使用されている透明導電性膜は酸化インジウムスズ(ITO)が一般的であるが，インジウムは希少金属であり，代替材料として金属ナノチューブが有力視されている．また，半導体ナノチューブを用いたTFTは，印刷法などの安価な技術により作製できることに加え，プラスチックなどの耐熱性のない基板の上にも作製できる．したがって，カーボンナノチューブを用いれば，柔軟性を持つディスプレイや安価な電子ペーパーなどの電子機器が期待できる．

　三つ目は，精密に位置と方向を制御して配置されたナノチューブを用いる電子デバイスである．半導体ナノチューブの持つ微細構造と高いキャリヤ移動度を利用して，現在のシリコン材料では到達できないほど，微細で高性能なトランジスタが実現できる．したがって，マイクロプロセッサやメモリなどの動作速度や集積規模を飛躍的に向上できる．また，ナノチューブの大きさは生体分子の大きさと同等であり，半導体ナノチューブを使用して，高感度にウイルスや抗体などの生体分子の検出が可能なバイオセンサも研究されている．

　個々のナノチューブを用いる応用では，カイラル指数の違いによる特性の違いが顕著に表れるため，精密な構造の制御が必要である．さらに，個々のナノチューブを所望の位置に配置する必要がある．したがって，技術的困難さは高い．近年，特定の構造のナノチューブを分離・抽出する技術や，シリコンウェーハ上に方向を制御してカーボンナノチューブを配置する技術が開発され，半導体応用の研究開発が進んでいる．これを用いたマイクロプロセッサやメモリも実現されはじめている．

●4● さまざまな二次元材料

　グラファイトの小片を粘着テープの間に挟み，剥がすと，グラファイトの一部が剥がれ2つの小片に分かれる．グラファイトのような層状物質の各層の間は，強い共有結合でなく，弱いファンデルワールス結合(分子間力)で結合しており，粘着テープの強い力によって剥がすことができる．これを繰り返すと，最後に1枚のグラファイト(つまりグラフェン)が得られる．グラフェンのように原子1層程度の厚さを持つ平面状の材料を**二次元材料**(または原子層材料)と呼ぶ．

　グラファイトと同様に分子間力で弱く結合した層状物質は多種存在し，近年，さまざまな種類の二次元材料が発見され，大きな研究分野になっている．例えば，

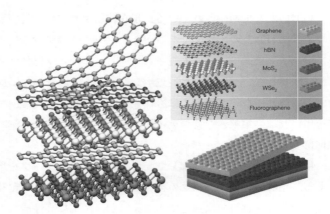

原子層材料をレゴブロックに見立てると（右図），多種多様な層状構造の構築が
可能になる．［Nature 499, 419（2013）より転載］

● **図12・9** ● 多様な原子層材料とその積層構造

六方晶窒化ホウ素(hBN)や二硫化モリブデン(MoS$_2$)が挙げられる（**図12・9**）．バルクのMoS$_2$は間接遷移型半導体であるが，1層のMoS$_2$は直接遷移型の半導体になり，発光素子や受光素子への応用が期待される．また，極薄の半導体材料として，微細化の限界を迎えているシリコン集積回路のチャネル代替材料としても期待されている．

　MoS$_2$は遷移金属カルコゲナイドと呼ばれる材料群の一種である．遷移金属カルコゲナイドは遷移金属（モリブデン Mo，タングステン W，ニオブ Nb など）とカルコゲン（硫黄 S，セレン Se，テルル Te）で構成される化合物であり，これまでに少なくとも48種の化合物が原子層材料となることが確認されている．元素の組み合わせにより，特性の大きく異なる電子材料が得られる．例えば，MoS$_2$やWSe$_2$は半導体であるが，NbSe$_2$は金属である．

　他に，絶縁体（例：窒化ホウ素），超伝導体（例：塩化窒化ジルコニウム），強磁性体（例：三ヨウ化クロム）の二次元材料も発見されている．多様な二次元材料をレゴブロックのように積み重ねて，新物質や電子デバイスを構築しようとする研究も始まっている．これらの層間は共有結合などの化学結合ではなく，ファンデルワールス力によって弱く接合している．例えば，原子層材料を半導体／絶縁体／金属のように積み重ねると，原子数層の厚さでトランジスタができる．

ま　と　め

- 電子を量子井戸構造に閉じ込めると，状態は離散的になり，エネルギーは量子化される.
- 量子井戸の次元が低くなるにつれて，状態密度や電子のエネルギー分布が狭くなる.
- 量子力学では，電子はトンネル効果によって薄いポテンシャル障壁を通り抜けることができる.
- ナノ構造を作製する方法として，トップダウンとボトムアップの2つのアプローチがある.
- 量子ドットは，電子を閉じ込めることができる小さな箱である.
- 量子ドットでは，状態密度はデルタ関数的になる.
- 量子ドットを用いると，高効率なレーザダイオードや個々の電子を操る単電子トランジスタ，ディスプレイに用いる高効率で発色のよい蛍光体が作製できる.
- ダイヤモンドやグラファイトと同様に，フラーレン，カーボンナノチューブ，グラフェンなどのナノカーボン材料は炭素の同素体である.
- カーボンナノチューブはグラフェンを円筒状にした構造を持ち，カイラル指数によって，半導体にも，金属にもなる.
- カーボンナノチューブはさまざまな物性的特徴を持ち，幅広い応用が期待されている電子材料である.
- 二次元材料は原子1層程度の厚さを持つナノ材料である.
- 二次元材料は半導体や金属，絶縁体など，さまざまな種類がある.
- 二次元半導体は発光素子や受光素子，超高密度集積回路のトランジスタへの応用が期待されている.

演 習 問 題

問1 式(12·1)から，式(12·2)および式(12·3)を導出せよ.

問2 幅10 nmの無限障壁量子井戸において，第1量子準位および第2量子準位のエネルギー固有値を求めよ. ただし，電子の有効質量として，GaAsの有効質量0.067を用いよ. また，Siの有効質量0.33を用いた場合についても求めよ.

問3 トップダウン法，ボトムアップ法の利点と欠点をそれぞれ記述せよ.

問4 カイラル指数が(12,0)のカーボンナノチューブの直径を求めよ. また，半導体か金属か答えよ. (12,1)のナノチューブではどうか. 半導体の場合はバンドギャップを求めよ.

問5 カーボンナノチューブの応用例を一つ挙げ，カーボンナノチューブのどのような特徴を利用したものか記述せよ.

参考図書

■ 5章 ■
[1] 堂山昌男，山本良一 共編，伊原英雄，戸叶一正 共著：超伝導材料，東京大学出版会(1987)

■ 8章・9章 ■
[1] 近角聰信：強磁性体の物理(上)，(下)，裳華房(1978，1984)
[2] 高梨弘毅：磁気工学入門，共立出版(2008)

■ 10章 ■
[1] A. Yariv 著，多田邦雄・神谷武志 監訳：光エレクトロニクス，丸善(2000)
[2] 黒田和男：非線形光学，コロナ社(2008)

■ 11章 ■
[1] 井口洋夫：有機半導体，槙書店(1964)
[2] 谷口彬雄：有機半導体の展開，シーエムシー出版(2008)
[3] 倉本憲幸：はじめての導電性高分子，工業調査会(2002)
[4] 平倉浩治，川本広行：電子写真，東京電機大学出版局(2008)
[5] 竹添秀男：液晶のおはなし，日本規格協会(2008)
[6] 長谷川悦雄：有機エレクトロニクス，工業調査会(2005)
[7] 森　竜雄：トコトンやさしい有機ELの本，日刊工業新聞社(2008)
[8] 齋藤軍治：分子エレクトロニクスの話，ケイ・ディー・ナノブック(2008)
[9] 堀池靖浩，宮原裕二：バイオチップとバイオセンサー，共立出版(2006)
[10] 軽部征夫：トコトンやさしいバイオニクスの本，日刊工業新聞社(2001)
[11] 安達千波矢他：電気学会誌141巻5号(2021)

■ 12章 ■
[1] 小出昭一郎：基礎物理学選書　量子力学(Ⅰ)，裳華房(1990)
[2] 江崎玲於奈 監修，榊　裕之 編著：超格子ヘテロ構造デバイス，工業調査会(1988)
[3] 齋藤理一郎，篠原久典 共編：カーボンナノチューブの基礎と応用，培風館(2004)

演習問題解答

■ 1章 ■

問1 単純立方格子

立方体の各隅に1/8個の剛体球があり，隅の数は8個なので単位格子内には剛体球が1個存在する．したがって占有率は（球の体積／立方体の体積）である．立方格子の格子定数をaとすれば球の半径は$a/2$だから

$$占有率 = \frac{\frac{4}{3}\pi\left(\frac{a}{2}\right)^3}{a^3} = \frac{\pi}{6} = 0.524$$

体心立方格子

立方体の各隅に1/8個の剛体球があり，隅の数は8個なので単位格子内の隅の剛体球の数は1個．このほかに立方体の中心に1個の剛体球があるので，体心立方格子の単位格子内にある剛体球は計2個．

球が接するのは立方格子の体対角線の方向で，球の半径は体対角線の長さの1/4．体対角線の長さは$\sqrt{3}\,a$．したがって，求める占有率は

$$占有率 = \frac{2\times\frac{4}{3}\pi\left(\frac{\sqrt{3}a}{4}\right)^3}{a^3} = \frac{\sqrt{3}\pi}{8} = 0.680$$

面心立方格子

立方体の隅に1/8個の剛体球があり，隅は8個あるので隅の剛体球数は1個．正方形の中央に1/2個の剛体球があり，正方形は6面あるので面心にある剛体球は3個．したがって，面心立方格子の単位格子内には剛体球は4個ある．剛体球の半径は正方形の対角線の長さの1/4．この対角線の長さは$\sqrt{2}\,a$．したがって

$$占有率 = \frac{4\times\frac{4}{3}\pi\left(\frac{\sqrt{2}a}{4}\right)^3}{a^3} = \frac{\sqrt{2}\pi}{6} = 0.740$$

問2 立方晶系を考えるのでa, b, cの軸をそれぞれx, y, z軸にとれば，(hkl)面の一つとx, y, z軸はそれぞれae_x/h, ae_y/k, ae_z/lで交わる．ここでe_x, e_y, e_zはそれぞれx, y, z軸方向の単位ベクトル，aは格子定数である．したがって，(hkl)面内のベクトルは

$$p\,(ae_y/k - ae_x/h) + q\,(ae_z/l - ae_x/h)$$

と書ける．ここでp, qは任意の実数である．

一方〔hkl〕方向のベクトルは$hae_x + kae_y + lae_z$と書ける．

163

(hkl) 面内のベクトルと $[hkl]$ 方向のベクトルのスカラー積を計算すれば

$$\{ p(ae_y/k - ae_x/h) + q(ae_z/l - ae_x/h) \} \cdot (hae_x + kae_y + lae_z) = 0$$

スカラー積が0であるからこれらのベクトルは互いに直交する．すなわち，(hkl) 面は $[hkl]$ 方向のベクトルと直交する．

問3 (hkl) 面の一つと x, y, z 軸はそれぞれ ae_x/h, ae_y/k, ae_z/l で交わる．また原点を通る (hkl) 面もある．したがって，原点から ae_x/h, ae_y/k, ae_z/l の3点を通る面への距離が求める面間隔である．この面上の点の位置ベクトルは問2と同じ記号を用いて

$$ae_x/h + p(ae_y/k - ae_x/h) + q(ae_z/l - ae_x/h)$$

と書ける．

一方，原点を通る面法線のベクトルは $r(hae_x + kae_y + lae_z)$ と書ける．ここで r は実数である．このベクトルを位置ベクトルとする点が先ほどの面上にあるためには

$$r(hae_x + kae_y + lae_z) = ae_x/h + p(ae_y/k - ae_x/h) + q(ae_z/l - ae_x/h)$$

である．このベクトルの大きさが面間隔になる．整理すれば

$$(rah - a/h + pa/h + qa/h)e_x + (rka - pa/k)e_y + (rla - qa/l)e_z = 0$$

であるから，$p = k^2 r$, $q = l^2 r$, $r = (h^2 + k^2 + l^2)^{-1}$

したがって，面間隔は $\dfrac{a}{\sqrt{h^2 + k^2 + l^2}}$ である．

問4 Zn は $(0, 0, 0)$, $(a/2, a/2, 0)$, $(a/2, 0, a/2)$, $(0, a/2, a/2)$ の位置にあるので，S はこれらに $(a/4, a/4, a/4)$ を加えた位置に存在する．すなわち，S は $(a/4, a/4, a/4)$, $(3a/4, 3a/4, a/4)$, $(3a/4, a/4, 3a/4)$, $(a/4, 3a/4, 3a/4)$ に存在する．さらにこれらの位置に，l, m, n を整数として (la, ma, na) を加えた位置にも存在する．

$(0, 0, 0)$ に存在する Zn は $(0, 0, 0)$ から距離 $\sqrt{3}\,a/4$ の位置にある S と結合している．このような S の位置として $(3a/4, 3a/4, a/4)$ に $l = m = -1$, $n = 0$ とした $(-a, -a, 0)$ を加えて $(-a/4, -a/4, a/4)$ が条件を満たす．同様に $(-a/4, a/4, -a/4)$, $(a/4, -a/4, -a/4)$ に存在する S も $(0, 0, 0)$ に存在する Zn と結合している．

したがって，求める S の位置は $(a/4, a/4, a/4)$, $(-a/4, -a/4, a/4)$, $(-a/4, a/4, -a/4)$, $(a/4, -a/4, -a/4)$ の4か所である．

■ 2章 ■

問1 粒子の集団があり，この集団の中で粒子が状態 X である確率は状態 X の粒子のエネルギー E と，粒子集団の絶対温度 T で決まり，この確率 $f_B(E)$ は

$$f_{\mathrm{B}}(E) = A \exp\left(-\frac{E}{k_{\mathrm{B}}T}\right) \tag{2・3}$$

である．ここでk_{B}はボルツマン定数である．電子の速度が$\boldsymbol{v} = v_x\mathbf{i} + v_y\mathbf{j} + v_z\mathbf{k}$から$\boldsymbol{v} + d\boldsymbol{v} = (v_x + dv_x)\,\mathbf{i} + (v_y + dv_y)\,\mathbf{j} + (v_z + dv_y)\,\mathbf{k}$の範囲にある確率は，粒子の質量を$m$とすれば

$$f_{\mathrm{B}}(E) = A \exp\left(-\frac{m\left(v_x^2 + v_y^2 + v_z^2\right)}{2k_{\mathrm{B}}T}\right) dv_x dv_y dv_z$$

となる．粒子がどんなエネルギーを持っていてもよいとすれば，その確率は1だから

$$1 = A\int_{-\infty}^{\infty}\int_{-\infty}^{\infty}\int_{-\infty}^{\infty}\exp\left(-\frac{m\left(v_x^2 + v_y^2 + v_z^2\right)}{2k_{\mathrm{B}}T}\right) dv_x dv_y dv_z$$

積分を実行することにより

$$\begin{aligned}
1 &= A\int_{-\infty}^{\infty}\int_{-\infty}^{\infty}\int_{-\infty}^{\infty}\exp\left(-\frac{m\left(v_x^2 + v_y^2 + v_z^2\right)}{2k_{\mathrm{B}}T}\right) dv_x dv_y dv_z \\
&= A\int_0^{2\pi}\int_0^{\pi}\int_0^{\infty}\exp\left(-\frac{mv^2}{2k_{\mathrm{B}}T}\right)v^2 \sin\theta\, dv\, d\theta\, d\varphi \\
&= 4\pi A(2k_{\mathrm{B}}T/m)^{3/2}\int_0^{\infty}x^2 e^{-x^2}dx \\
&= 2\pi A(2k_{\mathrm{B}}T/m)^{3/2}\int_0^{\infty}t^{1/2}e^{-t}dt \\
&= 2\pi A(2k_{\mathrm{B}}T/m)^{3/2}\,\Gamma(3/2) \\
&= \pi A(2k_{\mathrm{B}}T/m)^{3/2}\,\Gamma(1/2) \\
&= A(2\pi k_{\mathrm{B}}T/m)^{3/2}
\end{aligned}$$

から$A = (m/2\pi k_{\mathrm{B}}T)^{3/2}$が得られる．したがって，全粒子数が$N$のとき，速度が$v$～$v + dv$の範囲の粒子数$dn$は

$$dn = 4\pi N(m/2\pi k_{\mathrm{B}}T)^{3/2}\exp\left(-\frac{mv^2}{2k_{\mathrm{B}}T}\right)v^2 dv \tag{2・4}$$

となる．

問 2　電子の運動エネルギー$mv^2/2$の平均値$\langle mv^2/2\rangle$は

$$\begin{aligned}
\left\langle\frac{mv^2}{2}\right\rangle &= \frac{1}{N}\int\frac{mv^2}{2}dn \\
&= 2\pi m\,(m/2\pi k_{\mathrm{B}}T)^{3/2}\int_0^{\infty}v^4 \exp\left(-\frac{mv^2}{2k_{\mathrm{B}}T}\right)dv \\
&= 2\pi^{-1/2}k_{\mathrm{B}}T\int_0^{\infty}x^4 \exp\left(-x^2\right)dx \\
&= \pi^{-1/2}k_{\mathrm{B}}T\int_0^{\infty}t^{3/2}\exp(-t)dt
\end{aligned}$$

$$= \pi^{-1/2} k_B T \Gamma \left(\frac{5}{2} \right)$$

$$= \frac{3}{2} k_B T$$

と求められる.

問3 2次元に拡張するには，x 方向，y 方向ともに同じ議論を繰り返せば，2次元 k 空間内の状態密度はスピン縮退を考慮して $2 \left(L_x/2\pi \right) \left(L_y/2_p \right)$ である．ただし L_x と L_y はそれぞれ結晶の x 方向および y 方向の長さである．電子のエネルギーを $E = \hbar^2 \left(k_x{}^2 + k_y{}^2 \right) / 2m$ とすればエネルギーが E_1 以下の電子数は

$$\int_{\frac{\hbar^2 \left(k_x^2 + k_y^2 \right)}{2m} \leq E_1} \frac{2 L_x L_y}{\left(2\pi \right)^2} dk_x dk_y = \frac{2 L_x L_y}{\left(2\pi \right)^2} \pi \frac{2m E_1}{\hbar^2}$$

エネルギーが E_1 以下の電子数は，$E < 0$ では $D(E) = 0$ であることを用いて

$$\int_{E \leq E_1} D(E) dE = \int_0^{E_1} D(E) dE$$

とも書けるのでこれらは等しい．二つの式を E_1 で微分することにより

$$D(E_1) = \frac{4\pi m L_x L_y}{h^2}$$

したがって，2次元結晶内電子の単位面積当たりの状態密度は $L_x L_y = 1$ とおいて

$$D_2(E) = \frac{4\pi m}{h^2} \tag{2.10}$$

となる.

問4 3次元結晶でも同様で

$$\int_{\frac{\hbar^2 \left(k_x^2 + k_y^2 + k_z^2 \right)}{2m} \leq E_1} \frac{2 L_x L_y L_z}{\left(2\pi \right)^3} dk_x dk_y dk_z = \frac{2 L_x L_y L_z}{\left(2\pi \right)^3} \frac{4}{3} \pi \left(\frac{2m E_1}{\hbar^2} \right)^{\frac{3}{2}}$$

これを E_1 で微分することにより

$$D(E_1) = \frac{8\sqrt{2} \pi L_x L_y L_z}{h^3} (m)^{3/2} \sqrt{E_1}$$

3次元結晶内電子の単位体積当たりの状態密度は $L_x L_y L_z = 1$ とおいて

$$D_3(E) = \frac{8\sqrt{2} \pi}{h^3} (m)^{3/2} \sqrt{E} \tag{2.11}$$

となる.

■ 3章 ■

問1

	100 K	300 K	500 K
電子濃度	$0.32\,\mathrm{m^{-3}}$	$1 \times 10^{17}\,\mathrm{m^{-3}}$	$4.9 \times 10^{20}\,\mathrm{m^{-3}}$

■ 4章 ■

問1 バンドギャップ E_g〔eV〕の LED より放出される光の振動数 f〔Hz〕は，

$f = \dfrac{e}{h} E_g$ で与えられ，波長 λ〔nm〕と E_g には， $\lambda = \dfrac{c}{f} = \dfrac{hc}{eE_g}$ の関係がある．物

理定数を代入すれば， $\lambda = \dfrac{1\,239.8}{E_g}$ となる．

■ 5章 ■

問1 電子の電荷量は 1.6×10^{-19}〔C〕で，1A は単位時間に 1C の電荷量がある断面を通過したときの電流であるので，その断面を毎秒通過する電子の個数は

$$1/1.6 \times 10^{-19} = 6.25 \times 10^{18}\,〔個〕$$

問2 電子が電界から受ける力は eE であり，平均として衝突と衝突の間の τ 秒間この力を受けているとすると，電子の運動量の変化は力積に等しいので

$eE\tau = mv$ から

$$V = \frac{eE\tau}{m}$$

問3 銀：2.328，銅：2.289，金：2.542，アルミニウム：2.147，マグネシウム：2.571，ナトリウム：2.025，タングステン：3.355，モリブデン：2.449，亜鉛：2.342

　　いずれも，単位は 10^{-8}〔W·Ω·K^{-2}〕であり，2.45×10^{-8}〔W·Ω·K^{-2}〕と比較的よい一致をしている．

問4 格子振動は温度の上昇とともに激しくなり，そのため金属の抵抗は増加するが，不純物，格子欠陥などによる衝突は温度に依存しない．このため格子振動の寄与が低下する低温においては不純物，格子欠陥などによる衝突が主な散乱要因となり，電気抵抗は温度に依存しなくなる．

■ 6章 ■

問1 電子雲の電荷密度 $\rho = \dfrac{q}{\dfrac{4}{3}\pi R^3}$

　　電子雲が d だけ変位したことにより原子核が受ける電界 E_d は，ガウスの法則より

$$4\pi d^2 E_d = -\frac{\dfrac{4}{3}\pi d^3 \rho}{\varepsilon_0} \quad となる. これらより$$

$$E_d = -\frac{qd}{4\pi\varepsilon_0\, R^3}$$

つりあい条件 $E_d + E$(外部電界)$= 0$，および $\mu_e = q\cdot d$ より

$$E = \frac{\mu_e}{4\pi\,\varepsilon_0 R^3}$$

$$\mu_e = 4\pi\varepsilon_0 R^3 E$$

電子分極率 $\alpha_e = 4\pi\varepsilon_0 R^3$

問2　界面の真電荷を Q_i とすると

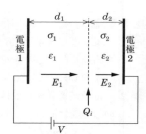

$$\frac{Q_i}{S} = -D_1 + D_2$$

$$= -\varepsilon_1 E_1 + \varepsilon_2 E_2 \cdots\cdots\cdots\cdots ①$$

$$E_1 d_1 + E_2 d_2 = V \cdots\cdots\cdots\cdots\cdots ②$$

また，定常状態であるので

$$\sigma_1 E_1 = \sigma_2 E_2 \cdots\cdots\cdots\cdots\cdots ③$$

②，③より E_1，E_2 を求め，①に代入することにより

$$\frac{Q_i}{S} = \frac{-\varepsilon_1\sigma_2 V}{\sigma_2 d_1 + \sigma_1 d_2} + \frac{\varepsilon_2\sigma_1 V}{\sigma_2 d_1 + \sigma_1 d_2} = \frac{\varepsilon_2\sigma_1 - \varepsilon_1\sigma_2}{\sigma_2 d_1 + \sigma_1 d_2} V$$

電極1上の真電荷を Q_{e1}
電極2上の真電荷を Q_{e2} $\Big\}$ とおく.

$$\frac{Q_{e1}}{S} = D_1 = \varepsilon_1 E_1 = \frac{\varepsilon_1\sigma_2}{\sigma_2 d_1 + \sigma_1 d_2} V$$

$$\frac{Q_{e2}}{S} = -D_2 = -\varepsilon_2\, E_2 = -\frac{\varepsilon_2\sigma_1}{\sigma_2 d_1 + \sigma_1 d_2} V$$

問3　電界と角 θ をなす方向の微小立体角 $d\Omega$ の方向を向いている双極子の数 dn は

$$dn \propto e^{-\frac{U}{k_{\mathrm{B}}T}} d\Omega$$

となり，そのような双極子によるモーメントは $\mu_d \cos\theta\, dn$ となる.

したがって，全双極子による分極は

$$P_{d\infty} = n_d \frac{\displaystyle\int_\Omega e^{-\frac{U}{k_{\mathrm{B}}T}} \mu_d \cos\theta\, d\Omega}{\displaystyle\int_\Omega e^{-\frac{U}{k_{\mathrm{B}}T}} d\Omega}$$

となる. $\theta = \theta + d\theta$ の間の立体角を $d\Omega$ とすると，$d\Omega = 2\pi\sin\theta d\theta$ となることから

$$P_{d\infty} = n_d \frac{\displaystyle\int_0^\pi e^{\frac{\mu_d E \cos\theta}{k_B T}} \mu_d \cos\theta\, 2\pi \sin\theta\, d\theta}{\displaystyle\int_0^\pi e^{\frac{\mu_d E \cos\theta}{k_B T}} 2\pi \sin\theta\, d\theta}$$

となる. $y = \cos\theta$, $x = \dfrac{\mu_d E}{k_B T}$ とおくと

$$P_{d\infty} = n_d \mu_d \frac{\displaystyle\int_{-1}^1 e^{xy} y\, dy}{\displaystyle\int_{-1}^1 e^{xy}\, dy}$$

$$= n_d \mu_d \left(\coth x - \frac{1}{x} \right)$$

問 4　$L(x) = \coth x - \dfrac{1}{x} = \dfrac{e^x + e^{-x}}{e^x - e^{-x}} - \dfrac{1}{x}$

$x \ll 1$ のとき

$$e^x = 1 + x + \frac{1}{2}x^2 + \frac{x^3}{6} + \cdots, \quad e^{-x} = 1 - x + \frac{1}{2}x^2 - \frac{x^3}{6} + \cdots$$

$$L(x) = \frac{2 + x^2 + \cdots}{2x + \dfrac{x^3}{3} + \cdots} - \frac{1}{x}$$

$$\fallingdotseq \frac{2\left(1 + \dfrac{x^2}{2}\right)}{2x\left(1 + \dfrac{x^2}{6}\right)} - \frac{1}{x} \fallingdotseq \frac{1}{x}\left(1 + \frac{x^2}{2}\right)\left(1 - \frac{x^2}{6}\right) - \frac{1}{x} \fallingdotseq \frac{1}{x}\left(1 + \frac{x^2}{3}\right) - \frac{1}{x}$$

$$\fallingdotseq \frac{x}{3}$$

■ 7 章 ■

問 1　7.2 節参照.
問 2　7.3 節〔1〕参照.
問 3　7.3 節〔2〕参照.
問 4　7.3 節〔3〕参照.
問 5　7.3 節〔4〕参照.

■ **8章** ■

問1　高磁界側の直線部分を$H=0$に外挿したときの縦軸の値を試料の体積で除したものが，磁性薄膜の飽和磁化M_sの値を与える．磁化曲線より値を読み取ると，$M_s=1.2\,\mathrm{Wb/m^2}$となる．一方，高磁界側の直線部分の傾きが，ガラス基板の反磁性磁化率に対応しているので，この傾きをガラスの体積とμ_0で除することにより，比磁化率$\chi_r=-1.1\times10^{-5}$を得る．

問2　図$8\cdot12$(a)のように磁化容易軸方向に一様に磁化しているときの系のエネルギーは，異方性エネルギーのレベルを0とすると，反磁界エネルギーE_dのみを考慮すればよい．E_dは，式$(8\cdot17)$で，反磁界H_dは，式$(8\cdot8)$で与えられるので

$$E_d = \frac{NM^2w^3}{20\mu_0}$$

を得る．一方，図$8\cdot12$(b)の場合の系のエネルギーは，磁壁エネルギーに困難軸方向を向いている部分の異方性エネルギーを加えたものとなるので，全エネルギーE_{total}は

$$E_{total} = \frac{1+2\sqrt{2}}{10}w^2\sigma_w + \frac{K_u}{80}w^3$$

となる．数値を代入して，両者を比較すると，$w=415\,\mathrm{nm}$以下では，単磁区状態の方がエネルギーが低く，$415\,\mathrm{nm}$以上では，還流磁区構造の方がエネルギーが低くなることがわかる．

問3　K_2を無視すると，[100]，[110]，および[111]の三つの方向を磁化が向いたときの異方性エネルギーは，式$(8\cdot6)$より，それぞれ，0，$K_1/4$，および$K_1/3$であるから，[100]，[110]，[111]の順に低い磁界で磁化しやすい．よって，(a)が[100]，(b)が[110]，(c)が[111]である．

■ **9章** ■

問1　bcc単位格子に含まれるFe原子の数は2個であるから，Fe原子1個の磁気モーメントは下記となる．

　　　$2.15\times(0.287\times10^{-9})^3\div2\,\mathrm{[Wb\cdot m]}$

これをスピン磁気モーメント1.165×10^{-29}で割って2.18を得る．したがって，金属のFeは，原子当たり約電子2個分のスピン磁気モーメントを持つ．

問2　磁化Mとx軸との角度をθとして，異方性エネルギーに外部磁界によるエネルギーを加えた全エネルギーEは

　　　$E=-K_u\cos^2\theta+MH_{ex}\cos\theta$

で与えられる．$dE/d\theta=0$より，$\theta=0$，$180°$，および$\cos\theta=MH_{ex}/2K_u$のときにEが極小になることがわかる．このうち，$\theta=0$の位置が極小点から極大点に変

化する $H_{ex}=2K_u/M$ のときに磁化反転が起きる.

問3 この場合の全エネルギーEは

$$E = -K_u\cos^2\theta + MH_{ex}\cos(\theta+\pi/4)$$

で与えられる.磁界H_{ex}を0から増していくと,磁化方向は徐々に$\theta=135°$方向に向かって回転していくが,$\theta=0$から$135°$の間にエネルギーの極大がなくなると一気に磁化反転すると予想できる.すなわち,$dE/d\theta$が$\theta=0$から$135°$の間で負になればよい.その条件は

$$H \geq \frac{2K_u}{\sqrt{2}M}\frac{\sin 2\theta}{\sin\theta+\cos\theta}$$

であるから,$\sin2\theta/(\sin\theta+\cos\theta)$の$\theta=0$から$135°$の区間での最大値$\sqrt{2}/2$を代入して

$$H \geq 0.5\frac{2K_u}{M}$$

を得る.この値は,問2のときの1/2であることから,斜め方向に磁界を加えた方が反転磁界が下がることがわかる.

問4 磁化Mと膜法線方向の角度をθ,面内方向に加える磁界をHとして,系のエネルギーEは,異方性エネルギー,反磁界エネルギー,外部磁界によるエネルギーの和として

$$E = -K_u\cos^2\theta + \frac{M^2}{2\mu_0}\cos^2\theta - MH\sin\theta$$

となる.ある磁界を加えたときの磁化の方向は,上式の微分が0として

$$\theta = \sin^{-1}\frac{MH}{2\left(K_u-\frac{M^2}{2\mu_0}\right)}$$

で与えられるので,$(K_u - M^2/2\mu_0)>0$の場合には,磁界を加えるとともに,磁化方向が膜面垂直から,面内方向に傾いてくることがわかる.$\theta=90°$,すなわち

$$H = \frac{2\left(K_u-\frac{M^2}{2\mu_0}\right)}{M}$$

のとき,面内方向の磁化曲線が飽和に達するので,磁化曲線より飽和磁化の値$M=1.0\,\mathrm{Wb/m^2}$と飽和に達するために必要な磁界$H=5\times10^5\,\mathrm{A/m}$を読み取って,この式に代入すると,$K_u=6.5\times10^5\,\mathrm{J/m^3}$を得る.

問5 系のエネルギーEは,磁壁エネルギーと外部磁界によるエネルギーの和をとり

$$E = l\left\{d-t\cos\left(\frac{2\pi x}{\lambda}\right)\right\}\sigma - 2l\,dxMH$$

で与えられる．ここで，$d \gg t$ と近似した．磁壁位置が Δx 移動したときのエネルギーの変化は

$$\Delta E \fallingdotseq lt\sigma\frac{2\pi}{\lambda}\sin\frac{2\pi x}{\lambda}\Delta x - 2ldMH\Delta x$$

となるので，エネルギーの山を越えて，次の安定位置まで移動させるためには

$$H \geq \frac{\pi t}{dM\lambda}\sigma$$

の磁界を加える必要がある．したがって，基板との界面の凹凸の程度が一定であれば，磁壁の移動を妨げる磁壁抗磁力は，薄膜の膜厚 d に反比例する．

■ 10章 ■

問1

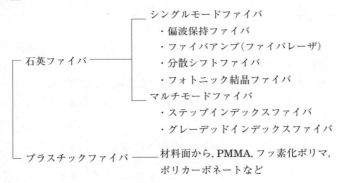

問2 $\Lambda = \lambda_B / 2n_{eff} = 1.55/2.9 \fallingdotseq 0.53\,\mu m$

問3 $E(x)$：波動関数，$k_0^2(1 - \varepsilon_r(x))$：ポテンシャル

問4 2次の非線形効果による分極を $P^{(2)}$ とすると $P^{(2)} = \varepsilon_0\chi_2 E^2$ と表される．電界の向きを反対にしたとき，結晶が反転対称性を有することから分極も反対向きになるため，$-P^{(2)} = \varepsilon_0\chi_2(-E)^2 = \varepsilon_0\chi_2 E^2$ と書ける．

以上から，$\chi_2 = 0$ が得られる．

問5 第2高調波の強度は $E_{(2\omega)}(l)\overline{E}_{(2\omega)}(l) = \omega^2\chi_2^2\dfrac{\mu}{\varepsilon}E_{(\omega)}^4 l^2\dfrac{\sin^2\left(\dfrac{\Delta kl}{2}\right)}{\left(\dfrac{\Delta kl}{2}\right)^2}$

より，$\dfrac{\Delta kl_c}{2} = \dfrac{\pi}{2}$ となる．

したがって，$l_c = \dfrac{\pi}{\Delta k}$ が得られる．

■ 11 章 ■

問 1　同一平面上の正三角形の頂点に向けて各々120°の間隔で伸びた3本の軌道を持つsp²混成軌道とその面に垂直なp軌道，同一直線上の反対方向に伸びた2本の軌道を持つsp混成軌道とそれと鉛直な面にある2本のp軌道からなる．それぞれp軌道がπ結合を形成する．

問 2　有機材料では，正孔を流しやすい材料がp形，電子を流しやすい材料がn形である．

問 3　感光体の内部で発生した正負キャリヤはコロナ帯電で生じた電界により，正孔が表面に移動し，電子と再結合して電子を消滅させる．電子が表面に残っている箇所に正電荷を持つトナーが付着する．

問 4　液晶分子の旋光性により，光の偏光方向が回転し，偏光フィルタを通過する直線偏光成分が生じる．

問 5　MOSトランジスタでは，少数キャリヤによる反転層を利用して導電パスを形成させる．有機TFTでは，電極からキャリヤを注入させるとともに，蓄積層を形成して導電パスを形成させる．

問 6　正孔注入や正孔輸送などの各々最適化された役割分担を，機能分離させることができる．

問 7　シリコン太陽電池やペロブスカイト太陽電池では，バルク中で光吸収により生成した励起子が容易に解離してキャリヤが生成する．一方，有機材料では，エネルギーレベルの違いにより，ドナー分子よりアクセプタ分子に電荷を移動させることにより，キャリヤ分離を実現する．

■ 12 章 ■

問 1
$$V(x) = \begin{cases} 0, & 0 \le x \le a \\ \infty, & x < 0, \ x > a \end{cases}$$

とする．

　まず，$0 \le x \le a$の範囲で考えると，シュレーディンガー方程式は

$$-\frac{\hbar^2}{2m}\frac{d^2\varphi(x)}{dx^2} = E\varphi(x)$$

となる．

　ここで

$$k = \sqrt{\frac{2mE}{\hbar^2}}$$

とおくと，一般解は

$$\varphi(x) = A\cos(kx) + B\sin(kx)$$

となる．一方，$x<0$，$x>$a の範囲では，$\varphi(x)=0$ であるので，境界条件は

$$\varphi(0)=0, \quad \varphi(a)=0$$

となる．したがって，$A=0$，$B\sin(ka)=0$ となる．$B=0$ の場合，$\varphi(x)=0$ となるため考えない．したがって

$$ka=n\pi \quad (n=1, 2, 3, ...)$$

のときに，シュレーディンガー方程式は解を持ち

$$\varphi_n(x)=B\sin\left(\frac{n\pi}{a}x\right)$$

のようになる．規格化すると

$$\int_0^a |\varphi(x)|^2 dx = 1$$

であるので

$$B=\sqrt{\frac{2}{a}}$$

となり，波動関数は

$$\varphi_n(x)=\sqrt{\frac{2}{a}}\sin\frac{n\pi}{a}x \quad (n=1, 2, 3, ...)$$

のように与えられる．

また，エネルギーは

$$k=\sqrt{\frac{2mE}{\hbar^2}}$$

に次式を代入することにより

$$ka=n\pi \quad (n=1, 2, 3, ...)$$

$$E_n=\frac{\hbar^2\pi^2 n^2}{2ma^2}$$

のように得られる．

問2 GaAs の場合，式(12·3)に，$a=10\times10^{-9}$〔m〕，$m=0.067m_0$，$\hbar=1.1\times10^{-34}$〔J·s〕を代入すると，$E_1=61.1$meV，$E_2=245$meV となる．ただし，m_0 は電子の質量であり，9.1×10^{-31}〔kg〕である．

Si の場合，$m=0.33m_0$ として，$E_1=12.4$ meV，$E_2=49.7$ meV となる．

問3 トップダウン法

・利点：任意の形状の構造を形成でき，大量生産も可能である．

・欠点：数10 nm 以下の構造では，加工精度が低下し，微細化に限界がある．

ボトムアップ法

・利点：10 nm 以下の極微細構造を高品質に形成できる．

・欠点：構造を精密に制御することが難しい．

問 4　(12, 0)の場合，$d_t = 0.95$nm，金属．

(12, 1)の場合，$d_t = 0.99$nm，半導体，$E_g = 0.91$eV.

問 5　解答例1：

・応用例　スーパーキャパシタ

　カーボンナノチューブは重量に対する表面積が大きく，また導電性が高いことから，容量の大きなスーパーキャパシタの小形化・軽量化が可能である．また，内部抵抗による電力損失も抑えられる．

解答例2：

・応用例　トランジスタ

　カーボンナノチューブは，バリスティック伝導に起因してキャリヤ移動度が高く，また直径の小さい細線構造であることから，高速で微細なトランジスタが作製できる．

索　引

〈編者・著者略歴〉

鈴 置 保 雄 （すずおき　やすお）
1978 年　名古屋大学大学院工学研究科博士課程
　　　　　修了
1978 年　工学博士
現　在　愛知工業大学工学部教授，名古屋大学
　　　　　名誉教授

神 保 孝 志 （じんぼ　たかし）
1975 年　名古屋大学大学院工学研究科博士課程
　　　　　単位取得退学
1978 年　工学博士
現　在　名古屋工業大学名誉教授

後 藤 英 雄 （ごとう　ひでお）
1987 年　名古屋大学大学院工学研究科博士課程
　　　　　修了
1989 年　工学博士
現　在　中部大学工学部電気電子システム工学
　　　　　科教授

高 井 吉 明 （たかい　よしあき）
1976 年　名古屋大学大学院工学研究科博士課程
　　　　　修了
1976 年　工学博士
現　在　愛知工業大学総合技術研究所客員教
　　　　　授，豊田工業高等専門学校名誉教授，
　　　　　名古屋大学名誉教授

長 尾 雅 行 （ながお　まさゆき）
1978 年　名古屋大学大学院工学研究科博士課程
　　　　　修了
1978 年　工学博士
現　在　豊橋技術科学大学名誉教授

岩 田　　聡 （いわた　さとし）
1982 年　名古屋大学大学院工学研究科博士課程
　　　　　修了
1982 年　工学博士
現　在　名古屋大学名誉教授

竹 尾　　隆 （たけお　たかし）
1978 年　名古屋大学大学院工学研究科博士課程
　　　　　前期課程修了
1992 年　工学博士
現　在　三重大学名誉教授

森　　竜 雄 （もり　たつお）
1990 年　名古屋大学大学院工学研究科博士課程
　　　　　修了
1990 年　工学博士
現　在　愛知工業大学工学部教授

大 野 雄 高 （おおの　ゆたか）
2000 年　名古屋大学大学院工学研究科博士課程
　　　　　修了
2000 年　工学博士
現　在　名古屋大学未来材料・システム研究所
　　　　　教授

新インターユニバーシティ
電気電子材料（改訂2版）

| 2010 年 9 月 15 日 | 第 1 版第 1 刷発行 |
| 2023 年 10 月 16 日 | 改訂 2 版第 1 刷発行 |

編 著 者　鈴 置 保 雄
発 行 者　村 上 和 夫
発 行 所　株式会社 オーム社
　　　　　郵便番号　101-8460
　　　　　東京都千代田区神田錦町 3-1
　　　　　電話　03(3233)0641(代表)
　　　　　URL　https://www.ohmsha.co.jp/

組版　徳保企画　　印刷・製本　三美印刷
ISBN978-4-274-23104-9　Printed in Japan

本書の感想募集　https://www.ohmsha.co.jp/kansou/

本書をお読みになった感想を上記サイトまでお寄せください．
お寄せいただいた方には，抽選でプレゼントを差し上げます．

周期表

凡例:
原子番号 → ₃Li リチウム ← 元素名
         6.941 ← 原子量
元素記号

族 / 周期	1A (1)	2A (2)	3A (3)	4A (4)	5A (5)	6A (6)	7A (7)	8 (8)	8 (9)	8 (10)	1B (11)	2B (12)	3B (13)	4B (14)	5B (15)	6B (16)	7B (17)	0 (18)
1	1H 水素 1.008																	2He ヘリウム 4.003
2	3Li リチウム 6.941	4Be ベリリウム 9.012											5B ホウ素 10.81	6C 炭素 12.01	7N 窒素 14.01	8O 酸素 16.00	9F フッ素 19.00	10Ne ネオン 20.18
3	11Na ナトリウム 22.99	12Mg マグネシウム 24.31											13Al アルミニウム 26.98	14Si ケイ素 28.09	15P リン 30.97	16S 硫黄 32.07	17Cl 塩素 35.45	18Ar アルゴン 39.95
4	19K カリウム 39.10	20Ca カルシウム 40.08	21Sc スカンジウム 44.96	22Ti チタン 47.87	23V バナジウム 50.94	24Cr クロム 52.00	25Mn マンガン 54.94	26Fe 鉄 55.85	27Co コバルト 58.93	28Ni ニッケル 58.69	29Cu 銅 63.55	30Zn 亜鉛 65.41	31Ga ガリウム 69.72	32Ge ゲルマニウム 72.64	33As ヒ素 74.92	34Se セレン 78.96	35Br 臭素 79.90	36Kr クリプトン 83.80
5	37Rb ルビジウム 85.47	38Sr ストロンチウム 87.62	39Y イットリウム 88.91	40Zr ジルコニウム 91.22	41Nb ニオブ 92.91	42Mo モリブデン 95.94	43Tc テクネチウム (99)	44Ru ルテニウム 101.1	45Rh ロジウム 102.9	46Pd パラジウム 106.4	47Ag 銀 107.9	48Cd カドミウム 112.4	49In インジウム 114.8	50Sn スズ 118.7	51Sb アンチモン 121.8	52Te テルル 127.6	53I ヨウ素 126.9	54Xe キセノン 131.3
6	55Cs セシウム 132.9	56Ba バリウム 137.3	57~71 ランタノイド	72Hf ハフニウム 178.5	73Ta タンタル 180.9	74W タングステン 183.8	75Re レニウム 186.2	76Os オスミウム 190.2	77Ir イリジウム 192.2	78Pt 白金 195.1	79Au 金 197.0	80Hg 水銀 200.6	81Tl タリウム 204.4	82Pb 鉛 207.2	83Bi ビスマス 209.0	84Po ポロニウム (210)	85At アスタチン (210)	86Rn ラドン (222)
7	87Fr フランシウム (223)	88Ra ラジウム (226)	89~103 アクチノイド	104Rf ラザホージウム (267)	105Db ドブニウム (268)	106Sg シーボーギウム (271)	107Bh ボーリウム (272)	108Hs ハッシウム (277)	109Mt マイトネリウム (276)	110Ds ダームスタチウム (281)	111Rg レントゲニウム (280)	112Cn コペルニシウム (285)	113Nh ニホニウム (278)	114Fl フレロビウム (289)	115Mc モスコビウム (289)	116Lv リバモリウム (293)	117Ts テネシン (293)	118Og オガネソン (294)

ランタノイド系:

57La ランタン 138.9	58Ce セリウム 140.1	59Pr プラセオジム 140.9	60Nd ネオジム 144.2	61Pm プロメチウム (145)	62Sm サマリウム 150.4	63Eu ユウロピウム 152.0	64Gd ガドリニウム 157.3	65Tb テルビウム 158.9	66Dy ジスプロシウム 162.5	67Ho ホルミウム 164.9	68Er エルビウム 167.3	69Tm ツリウム 168.9	70Yb イッテルビウム 173.0	71Lu ルテチウム 175.0

アクチノイド系:

89Ac アクチニウム 227	90Th トリウム 232.0	91Pa プロトアクチニウム 231.0	92U ウラン 238.0	93Np ネプツニウム (237)	94Pu プルトニウム (239)	95Am アメリシウム (243)	96Cm キュリウム (247)	97Bk バークリウム (247)	98Cf カリホルニウム (252)	99Es アインスタイニウム (252)	100Fm フェルミウム (257)	101Md メンデレビウム (258)	102No ノーベリウム (259)	103Lr ローレンシウム (262)

「理科年表2023」(丸善出版),「一家に1枚元素周期表(第13版)」(文部科学省)を参考に作成